普通高等教育"十一五"国家级规划教材

国家精品课程主讲教材

大学计算机基础简明教程

Daxue Jisuanji Jichu Jianming Jiaocheng

（第2版）

主　编　龚沛曾　　杨志强

副主编　朱君波　　李湘梅

高等教育出版社·北京

内容提要

　　本书是普通高等教育"十一五"国家级规划教材、国家精品课程"大学计算机基础"主讲教材。

　　本书是在第1版的基础上,以满足一般院校少学时教学需要修订的。全书共分8章,主要内容有计算机与信息社会、计算机系统、数据在计算机中的表示、操作系统基础、文字处理软件 Word 2010、电子表格软件 Excel 2010、演示文稿软件 PowerPoint 2010 和计算机网络基础与应用等。

　　本书配有龚沛曾、杨志强主编的《大学计算机基础简明教程实验指导与测试》(第2版)、电子教案以及内容丰富的教学资源库,便于教和学。

　　本书既可作为高等学校学生计算机入门课程的教材,又可作为参加全国计算机等级考试的自学参考书。

图书在版编目(CIP)数据

　　大学计算机基础简明教程/龚沛曾,杨志强主编
. --2版 . --北京:高等教育出版社,2015.7(2021.1重印)
　　ISBN 978-7-04-042700-4

　　Ⅰ.①大… Ⅱ.①龚… ②杨… Ⅲ.①电子计算机 –
高等学校 – 教材　Ⅳ.①TP3

　　中国版本图书馆 CIP 数据核字(2015)第 100849 号

策划编辑	耿　芳	责任编辑　耿　芳	封面设计　张申申		版式设计　童　丹	
插图绘制	邓　超	责任校对　胡美萍	责任印制　田　甜			

出版发行	高等教育出版社		网　　址	http://www.hep.edu.cn
社　　址	北京市西城区德外大街4号			http://www.hep.com.cn
邮政编码	100120		网上订购	http://www.landraco.com
印　　刷	北京鑫海金澳胶印有限公司			http://www.landraco.com.cn
开　　本	787mm×1092mm　1/16			
印　　张	15.75		版　　次	2006年8月第1版
字　　数	290 千字			2015年7月第2版
购书热线	010 – 58581118		印　　次	2021年1月第10次印刷
咨询电话	400 – 810 – 0598		定　　价	28.00 元

本书如有缺页、倒页、脱页等质量问题,请到所购图书销售部门联系调换
版权所有　侵权必究
物 料 号　42700–00

数字课程资源使用说明

与本书配套的数字课程资源发布在高等教育出版社易课程网站，请登录网站后开始课程学习。

一、注册/登录

访问 http://abook.hep.com.cn/1861079，点击"注册"，在注册页面输入用户名、密码及常用的邮箱进行注册。已注册的用户直接输入用户名和密码登录即可进入"我的课程"页面。

二、课程绑定

点击"我的课程"页面右上方"绑定课程"，正确输入教材封底防伪标签上的20位密码，点击"确定"完成课程绑定。

三、访问课程

在"正在学习"列表中选择已绑定的课程，点击"进入课程"即可浏览或下载与本书配套的课程资源。刚绑定的课程请在"申请学习"列表中选择相应课程并点击"进入课程"。

四、与本书配套的易课程数字课程资源包括电子教案、动画、案例素材等，以便读者学习使用。

账号自登录之日起一年内有效，过期作废。

如有账号问题，请发邮件至：abook@hep.com.cn。

前　言

　　本书是根据教育部大学计算机课程教学指导委员会提出的"大学计算机"课程的基本要求、在第 1 版基础上修订而成的。本书妥善处理了发展与稳定、理论与实践、深度与广度等关系，编写风格上保持第 1 版的内容丰富、层次清晰、通俗易懂、图文并茂等特色，在内容组织和资源建设方面做了较大改变。

　　1. 内容组织紧凑

　　考虑到有些学校学时压缩、学生的计算机基本技能和应用能力与社会实际需求有差距，因此在加强计算机基础知识和基本概念的基础上，将计算机基本操作技能和应用更具体化、实例化，有助于学生计算机综合能力的培养和提高；删除了数据库技术、多媒体技术操作等方面的内容。

　　2. 新形态资源丰富

　　随着智能手机的普及，为便于学生在任何时间、任何地点获取知识和掌握基本应用能力，教材配备了以下多种资源，学生登录网站或用手机扫描二维码即可看到。

　　（1）电子教案。以演示文稿的形式展示课堂教学的内容。

　　（2）动画。利用 Flash 等制作软件，对相关概念以动画形式展示，使抽象概念形象化。

　　（3）微视频。以案例操作形式对软件各功能使用进行讲解和演示。

　　本书由龚沛曾、杨志强任主编，朱君波、李湘梅任副主编，全书由龚沛曾和杨志强统稿。

　　由于作者水平有限，书中难免有不足之处，恳请各位读者和专家批评、指正！

编　者

2015 年 4 月

目 录

第1章　计算机与信息社会

第一台计算机 ENIAC 于 1946 年诞生至今，已有 70 年的历史。计算机及其应用已渗透到人类社会生活的各个领域，有力地推动了整个信息化社会的发展。在 21 世纪，掌握以计算机为核心的信息技术的基础知识和应用能力，是现代大学生必须具有的基本素质。

电子教案：计算机与信息社会

1.1　计算机的发展和应用

人人拥有计算能力，人人离不开计算，然而人的计算速度又是极低的。例如，公元 5 世纪祖冲之将圆周率 π 推算至小数点后 7 位数花了整整 15 年，现在人工计算一个 30×30 的行列式仍然需要许多个人年，我国第一颗原子弹研制时出现了数百位科学家在大礼堂埋头打算盘的壮观场景。为了追求"超算"的能力，人类在其漫长的文明进化过程中，发明和改进了许许多多计算工具。早期具有历史意义的计算工具有如下几种。

① 算筹。计算工具的源头可以上溯至 2000 多年前的春秋战国时代，古代中国人发明的算筹是世界上最早的计算工具。

② 算盘。中国唐代发明的算盘是世界上第一种手动式计算器，一直沿用至今。许多人认为算盘是最早的数字计算机，而珠算口诀则是最早的体系化的算法。

③ 计算尺。1622 年，英国数学家奥特瑞德（William Oughtred）根据对数表设计了计算尺，可执行加、减、乘、除、指数、三角函数等运算，一直沿用到 20 世纪 70 年代才被计算器所取代。

④ 加法器。1642 年，法国哲学家、数学家帕斯卡（Blaise Pascal）发明了世界上第一个加法器，它采用齿轮旋转进位方式执行运算，但只能做加法运算。

⑤ 计算器。1673 年，德国数学家莱布尼茨（Gottfried Leibniz）在帕斯卡的发明基础上设计制造了一种能演算加、减、乘、除和开方的计算器。

⑥ 差分机和分析机。英国剑桥大学查尔斯·巴贝奇（Charles Babbage）教授分别于 1812 年和 1834 年设计了差分机和分析机。分析机体现了现代电子计算机的结构、设计思想，因此被称为现代通用计算机的雏形。

这些计算工具都是手动式的或机械式的，并不能满足人类对"超算"的渴望。在以机械方式运行的计算机诞生百年之后，由于电子技术的发展突飞猛进，计算工具实现了从机械向电子的"进化"，诞生了电子计算机，将人类从繁重的计算中解脱出来。今天，人们所说的计算机都是指电子计算机。

1.1.1 计算机的诞生

20世纪上半叶，图灵机、ENIAC和冯·诺依曼体系结构的出现在理论、工作原理、体系结构上奠定了现代电子计算机的基础，具有划时代的意义。

1. 图灵机

图1.1.1 图灵

阿兰·图灵（Alan Mathison Turing，1912—1954年，见图1.1.1）是英国科学家。在第二次世界大战期间，为了能彻底破译德国的军事密电，图灵设计并完成了真空管机器Colossus，多次成功地破译了德国作战密码，为反法西斯战争的胜利做出了卓越的贡献。

图灵为了回答究竟什么是计算、什么是可计算性等问题，在分析和总结了人类自身如何运用纸和笔等工具进行计算以后，提出了图灵机（Turing Machine，TM）模型，奠定了可计算理论的基础。

图灵机的描述有两种方法：一是形式化描述，可描述全部的细节，非常烦琐；二是非形式化描述，概略地说明图灵机的组成和工作方式。为简单起见，这里采用非形式化的描述方法。

图灵机由以下两部分组成。

（1）一条无限长的纸带，纸带分成了一个一个的小方格，用作无限存储。

（2）一个读写头，能在纸带上读、写和左右移动。

图灵机开始运作时，纸带上只有输入串，其他地方都是空的。若要保存信息，则读写头可以将信息写在纸带上；若要读已经写下的信息，则读写头可以往回移动。机器不停地计算，直到产生输出为止。

为了更好地理解图灵机，下面以计算 $X+1$ 为例说明图灵机的组成以及计算原理。

例1.1 构造图灵机 M 计算 $X+1$。

（1）数据 X 以二进制的形式写在纸带上，如图1.1.2所示。

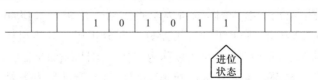

图1.1.2 图灵机 M 计算 $X+1$ 的示意图

（2）读写头从右边第 1 个写有 0 或 1 的方格开始向左扫描纸带，若读到 0 或空白，则改写为 1，立即停机；若读到 1，则改写为 0，并且读写头左移。

（3）重复第（2）步，图灵机 M 会在某个时刻停机。

这就是计算 $X+1$ 的图灵机。图灵机虽然解决一个简单的实际问题都显得很麻烦，但是反映了计算的本质。由可计算性理论可以证明，图灵机拥有最强大的计算能力，其功能与高级程序设计语言等价，可用图灵机计算的问题就是可计算的。邱奇、图灵和哥德尔曾断言：一切直觉上可计算的函数都可用图灵机计算，反之亦然，这就是著名的邱奇-图灵论题。

图灵另一个卓越贡献是提出了图灵测试，回答了什么样的机器具有智能，奠定了人工智能的理论基础。图灵 1950 年 10 月在哲学期刊 "*Mind*" 上发表了一篇著名论文 "*Computing Machinery and Intelligence*"（计算机器与智能）。他提出，一个人在不接触对方的情况下，通过一种特殊的方式和对方进行一系列问答，如果在相当长时间内，他无法根据这些问题判断对方是人还是计算机，那么，就可以认为这个计算机具有同人相当的智力，即这台计算机是能思维的。测试场景如图 1.1.3 所示。

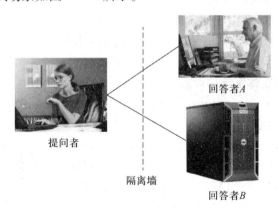

图 1.1.3　图灵测试

迄今为止举办的图灵测试结果说明，现在的人工智能还没有达到图灵预计的那个阶段，机器目前想和人类真正地谈话还是比较困难的。

为纪念图灵的贡献，美国计算机学会（ACM）于 1966 年创立了"图灵奖"，每年颁发给在计算机科学领域的领先研究人员，号称是计算机业界和学术界的诺贝尔奖。

2. ENIAC

目前，大家公认的第一台电子计算机是在 1946 年 2 月由宾夕法尼亚大学研制成功的 ENIAC（Electronic Numerical Integrator And Calculator），即"电子数字积分计算机"，如图 1.1.4 所示。这台计算机从 1946 年 2 月开始投入使用，到 1955 年 10 月最后切断电源，服役 9 年多。虽然它每秒只能进行 5 000 次加减运算，但它预示了科学家们将从繁重的计算中解脱出来。至今人们公认，ENIAC 的问世，表明了电子计算机时代的到来，具有划时代意义。

图 1.1.4 ENIAC

ENIAC 本身存在两大缺点：一是没有存储器；二是用布线接板进行控制，甚至要搭接电线，计算速度也就被这一工作抵消了。所以，ENIAC 的发明仅仅表明计算机的问世，对以后研制的计算机没有什么影响。EDVAC 的发明才为现代计算机在体系结构和工作原理上奠定了基础。

3. 冯·诺依曼体系结构计算机

EDVAC（Electronic Discrete Variable Automatic Computer，离散变量自动电子计算机）是人类制造的第二台电子计算机。

1946 年夏天，美籍匈牙利数学家冯·诺依曼（Von Neumann，1903—1957 年，见图 1.1.5）以技术顾问身份加入了 ENIAC 研制小组。为了解决 ENIAC 存在的问题，冯·诺依曼与他的同事们在共同讨论的基础上，于 1945 年发表了"关于 EDVAC 的报告草案"，详细说明和总结了 EDVAC 的逻辑设计，其主要思想有如下几点。

（1）采用二进制表示数据。

图 1.1.5 冯·诺依曼

（2）"存储程序"，即程序和数据一起存储在内存中，计算机按照程序顺序执行。

（3）计算机由五个部分组成：运算器、控制器、存储器、输入设备和输出设备。

冯·诺依曼所提出的体系结构被称为冯·诺依曼体系结构，一直沿用至今。70 年来，虽然计算机从性能指标、运算速度、工作方式、应用领域等方面与当时的计算机有很大差别，但基本结构没有变，因此都属于冯·诺依曼计算机。但是，冯·诺依曼自己承认，他的关于计算机"存储程序"的想法都来自图灵。

ENIAC 和 EDVAC 不是商用计算机。第一款商用计算机是 1951 年开始生产的 UNIVAC 计算机。1947 年，ENIAC 的两个发明人莫奇莱和埃克特创立了自己的计算机公司，生产 UNIVAC 计算机，计算机第一次作为商品被出售。UNIVAC 用于公众领域的数据处理，共生产了近 50 台，不像 ENIAC 只有一台并且只用于军事目的。

莫奇莱和埃克特以及他们的 UNIVAC 奠定了计算机工业的基础。

1.1.2 计算机的发展

计算机在其 70 年的发展过程中，体积不断变小，但性能、速度却在不断提高。根据计算机采用的物理器件，一般将计算机的发展分成四个阶段，如表 1.1.1 所示。

表 1.1.1 计算机发展的分代

特点＼年代	第一代 1946—1958 年	第二代 1958—1964 年	第三代 1964—1970 年	第四代 1971 年至今
物理器件	电子管	晶体管	集成电路	大规模集成电路 超大规模集成电路
存储器	磁芯存储器	磁芯存储器	磁芯存储器	半导体存储器
典型机器举例	IBM 650 IBM 709	IBM 7090 CDC 7600	IBM 360	微型计算机 高性能计算机
达到的运算速度	每秒几千次	每秒几十万次	每秒几百万次	每秒亿亿次
软件	机器语言 汇编语言	高级语言	操作系统	数据库 计算机网络
应用	军事领域 科学计算	数据处理 工业控制	文字处理 图形处理	社会的各个方面

从采用的物理器件来说，目前计算机的发展处于第四代水平。尽管计算机还将朝着微型化、巨型化、网络化和智能化方向发展，但是在体系结构方面没有什么大的突破，因此仍然被称为冯·诺依曼计算机。人类的追求是无止境的，一刻也没有停止过研究更好、更快、功能更强的计算机，从目前的研究情况看，未来新型计算机将可能在下列几个方面取得革命性的突破。

（1）光计算机。利用光作为信息的传输媒体的计算机，具有超强的并行处理能力和超高速的运算速度，是现代计算机望尘莫及的。目前光计算机的许多关键技术，如光存储技术、光存储器、光电子集成电路等都已取得重大突破。

（2）生物计算机（分子计算机）。采用由生物工程技术产生的蛋白质分子构成的生物芯片。在这种芯片中，信息以波的形式传播，运算速度比当今最新一代计算机快10万倍，能量消耗仅相当于普通计算机的十分之一，并且拥有巨大的存储能力。

（3）量子计算机。利用处于多现实态下的原子进行运算的计算机。刚进入21世纪之际，人类在研制量子计算机的道路上取得了新的突破。美国的研究人员已经成功地实现了4量子位逻辑门，取得了4个锂离子的量子缠结状态。

1.1.3　计算机的分类

随着计算机技术的发展和应用的推动，尤其是微处理器的发展，计算机的类型越来越多样化。根据用途及其使用的范围，计算机可分为通用机和专用机。通用机的特点是通用性强，具有很强的综合处理能力，能够解决各种类型的问题。专用机则功能单一，配有解决特定问题的软、硬件，但能够高速、可靠地解决特定的问题。从计算机的运算速度和性能等指标来看，计算机主要有高性能计算机、微型计算机、工作站、服务器、嵌入式计算机等。这种分类标准不是固定不变的，只能针对某一个时期。例如现在是大型机，过了若干年后可能成了小型机。

1. 高性能计算机

高性能计算机，过去被称为巨型机或大型机，是指目前速度最快、处理能力最强的计算机。在2014年11月进行的世界前500强高性能计算机（Top500）测试中，排名第一的是广州国家超算中心的天河二号，理论峰值速度达到每秒5.49亿亿次浮点运算。

近年来，我国高性能计算机的研发也取得了很大的成绩，拥有了"曙光"、"联想"、"天河"等代表国内最高水平的品牌，在国民经济的关键领域得到了应用。在2010年11月的Top500中，国防科学技术大学研发的天河一号以每秒4.70千万亿次浮点运算的理论峰值速度首次实现了排名第一。

高性能计算机数量不多，但却有重要和特殊的用途。在军事上，可用于战略防御系统、大型预警系统、航天测控系统等。在民用方面，可用于大区域中长期天气预报、大面积物探信息处理系统、大型科学计算和模拟系统等。

2. 微型计算机（个人计算机）

微型计算机又称个人计算机（Personal Computer，PC），是使用微处理器作为CPU的计算机。

1971年Intel公司的工程师马西安·霍夫（M. E. Hoff）成功地在一个芯片上实现了中央处理器（Central Processing Unit，CPU）的功能，制成了世界上第一片 4 位微处理器 Intel 4004，组成了世界上第一台 4 位微型计算机——MCS - 4，从此揭开了世界微型计算机大发展的帷幕。在过去的 40 多年中，微型计算机因其小、巧、轻、使用方便、价格便宜等优点得到迅速的发展，成为计算机的主流。目前 CPU 主要有 Intel 的 Core 系列和 AMD 系列等。

微型计算机的种类很多，主要分成 4 类：桌面型计算机（Desktop Computer）、笔记本计算机（Notebook Computer）、平板计算机（Tablet Computer）和种类众多的移动设备（Mobile Device）都属于微型计算机。由于智能手机具有冯·诺依曼体系结构，配置了操作系统，可以安装第三方软件，所以它们也被归入微型计算机范畴。

3. 工作站

工作站是一种介于微型计算机与小型机之间的高档微型计算机系统。自 1980 年美国 Appolo 公司推出世界上第一个工作站 DN - 100 以来，工作站迅速发展，成为专门处理某类特殊事务的一种独立的计算机类型。

工作站通常配有高分辨率的大屏幕显示器和大容量的内、外存储器，具有较强的信息处理功能和高性能的图形、图像处理功能以及联网功能。

工作站主要应用在计算机辅助设计/计算机辅助制造、动画设计、地理信息系统、图像处理、模拟仿真等领域。

4. 服务器

服务器是一种在网络环境中对外提供服务的计算机系统。从广义上讲，一台微型计算机也可以充当服务器，关键是它要安装网络操作系统、网络协议和各种服务软件；从狭义上讲，服务器是专指通过网络对外提供服务的那些高性能计算机。与微型计算机相比，服务器在稳定性、安全性、性能等方面要求更高，因此硬件系统的要求也更高。

根据提供的服务，服务器可以分为 Web 服务器、FTP 服务器、文件服务器、数据库服务器等。

5. 嵌入式计算机

嵌入式计算机是指作为一个信息处理部件，嵌入到应用系统之中的计算机。嵌入式计算机与通用计算机相比，在基础原理方面没有原则性的区别，主要区别在于系统和功能软件集成于计算机硬件系统之中，也就是说，系统的应用软件与硬件一体化。

在各种类型计算机中，嵌入式计算机应用最广泛，数量超过 PC。目前广泛用于各种家用电器中，如电冰箱、自动洗衣机、数字电视机、数字照相机等。

1.1.4 计算机的应用

计算机及其应用已经渗透到社会的各个方面，改变着传统的工作、学习和生活方式，推动着信息社会的发展。未来计算机将进一步深入人们的生活，将更加人性化，更加适应人们的生活，甚至改变人类现有的生活方式。数字化生活可能成为未来生活的主要模式，人们离不开计算机，计算机也将更加丰富多彩。

归纳起来，计算机的应用主要有下面几种类型。

1. 科学计算

科学计算也称为数值计算，是指应用计算机处理科学研究和工程技术中所遇到的数学计算。科学计算是计算机最早的应用领域，ENIAC 就是为科学计算而研制的。科学技术的发展，使得各个领域的计算模型日趋复杂，人工计算无法解决。例如在天文学、量子化学、空气动力学、核物理学等领域，都需要依靠计算机进行复杂的运算。科学计算的特点是计算工作量大、数值变化范围大。

2. 数据处理

数据处理也称为非数值计算或事务处理，是指对大量的数据进行加工处理，例如统计分析、合并、分类等。数据处理是计算机应用最广泛的一个领域，如管理信息系统、办公自动化系统、决策支持系统、电子商务等都属于数据处理范畴。与科学计算不同，数据处理涉及的数据量大，但计算方法较简单。

3. 电子商务

电子商务（Electronic Commerce，EC）是指利用计算机和网络进行的新型商务活动。它作为一种新型的商务方式，将生产企业、流通企业以及消费者和政府带入了一个网络经济、数字化生存的新天地，它可让人们不再受时间、地域的限制，以一种非常简捷的方式完成过去较为繁杂的商务活动。

电子商务根据交易双方的不同，可分为多种形式，常见的是下列 3 种。

（1）B2B，交易双方是企业与企业，是电子商务的主要形式，如阿里巴巴。

（2）B2C，交易双方是企业与消费者，如京东商城。

（3）C2C，交易双方是消费者，如淘宝网。

在 Internet 时代，电子商务的发展对于一个公司而言，不仅仅意味着一个商业机会，还意味着一个全新的全球性的网络驱动经济的诞生。据报道，2013 年我国电子商务市场交易规模突破了 10 万亿元。

4. 过程控制

过程控制又称实时控制，是指用计算机及时采集检测数据，按最佳值迅速地对控制对象进行自动控制或自动调节。例如，控制一个房间保持恒温，石油、化学品等的制造过程都是过程控制的应用。在现代工业中，过程控制是实现生产过程自动化的基础，在冶金、石油、化工、纺织、水电、机械、航天等部门得到广泛的应用。

5. CAD/CAM/CIMS

计算机辅助设计（Computer Aided Design，CAD），就是用计算机帮助设计人员进行设计。由于计算机有快速的数值计算、较强的数据处理以及模拟的能力，使 CAD 技术得到广泛应用，例如飞机和船舶设计、建筑设计、机械设计、大规模集成电路设计等。采用计算机辅助设计后，不但降低了设计人员的工作量，提高了设计的速度，更重要的是提高了设计的质量。

计算机辅助制造（Computer Aided Manufacturing，CAM），就是用计算机进行生产设备的管理、控制和操作的过程。例如在产品的制造过程中，用计算机控制机器的运行，处理生产过程中所需的数据，控制和处理材料的流动以及对产品进行检验等。使用 CAM 技术可以提高产品的质量，降低成本，缩短生产周期，改善劳动强度。

除了 CAD/CAM 之外，计算机辅助系统还有计算机辅助工艺规划（Computer Aided Process Planning，CAPP）、计算机辅助工程（Computer Aided Engineering，CAE）、计算机辅助教育（Computer Based Education，CBE）等。

计算机集成制造系统（Computer Integrated Manufacture System，CIMS）是指以计算机为中心的现代化信息技术应用于企业管理与产品开发制造的新一代制造系统，是 CAD、CAPP、CAM、CAE、CAQ（计算机辅助质量管理）、PDMS（产品数据管理系统）、管理与决策、网络与数据库及质量保证系统等子系统的技术集成。它将企业生产、经营各个环节，从市场分析、经营决策、产品开发、加工制造到管理、销售、服务都视为一个整体，即以充分的信息共享，促进制造系统和企业组织的优化运行，其目的在于提高企业的竞争能力及生存能力。CIMS 通过将管理、设计、生产、经营等各个环节的信息集成、优化分析，从而确保企业的信息流、资金流、物流能够高效、稳定地运行，最终使企业实现整体最优效益。

6. 多媒体技术

多媒体技术是以计算机技术为核心，将现代声像技术和通信技术融为一体，以追求更自然、更丰富的接口界面，因而其应用领域十分广泛。它不仅覆盖计算机的绝大部分应用领域，同时还拓宽了新的应用领域，如可视电话、视频会议系统等。实际上，多媒体系统的应用以极强的渗透力进入了人类工作和生活的各个领域，正改变着人类的生活和工作方式，成功地塑造了一个绚丽多彩的划时代的多媒体世界。

7. 人工智能

人工智能（Artificial Intelligence，AI）是指用计算机来模拟人类的智能。

虽然计算机的能力在许多方面远远超过了人类，如计算速度，但是真正要达到人的智能还是非常遥远的事情。目前有些智能系统已经能够替代人的部分脑力劳动，获得了实际的应用，尤其是在机器人、专家系统、模式识别等方面。

人工智能最典型的应用案例是"深蓝"。"深蓝"是 IBM 公司研制的一台超级计算机，在 1997 年 5 月 11 日，仅用了一个小时便轻松战胜俄罗斯国际象棋世界冠军卡斯帕罗夫（见图 1.1.6），并以 3.5∶2.5 的总比分赢得人与计算机之间的挑战赛。这是在国际象棋史上人类智能第一次败给计算机。

图 1.1.6　卡斯帕罗夫对弈"深蓝"

1.1.5　计算机文化

经过 70 年的发展，计算机科学及其应用几乎无所不在，成为人们工作、生活、学习不可或缺的重要组成部分，并由此形成了独特的计算机文化。

所谓计算机文化，就是人类社会的生存方式因使用计算机而发生根本性变化而产生的一种崭新文化形态，这种崭新的文化形态可以体现在如下方面。

（1）物质文化。计算机的软、硬件设备以及使用方法，作为人类所创造的物质文化满足了人类生存和发展的需要。

（2）非物质文化。非物质文化包括两方面内容：一是计算机学科对自然科学和社会科学等的广泛渗透，创造和形成了新的科学思想、科学方法、科学精神、价值标准等新文化；二是计算机的广泛应用改变了传统社会的形态，形成了网络社会等虚拟的社会形态，产生了相应的语言、风俗、道德、法律等。

计算机文化来源于计算机科学，正是后者的发展，孕育并推动了计算机文化的产生和成长；而计算机文化的普及，又反过来促进了计算机科学的进步和计算机应用的扩展。

人类已经跨入以网络为中心的信息时代。作为计算机文化的一个重要组成部分，网络文化已成为人们生活的一部分，深刻地影响着人们的生活，同样，也给人们带来了前所未有的挑战。

计算机文化作为当今最具活力的一种崭新文化形态，加快了人类社会前进的步伐，其所产生的思想观念、所带来的物质基础条件以及计算机文化教育的普及有利于人类社会的进步、发展。

今天，计算机文化已成为人类现代文化的一个重要组成部分，完整准确地理解计算科学与工程及其社会影响，已成为新时代青年人的一项重要任务。

1.2　信息技术概述

自计算机诞生以来，人类社会正由工业社会全面进入信息社会，其主要动力就是以计算机技术、通信技术和控制技术为核心的现代信息技术的飞速发展和广泛应用。纵观人类社会发展史和科学技术史，信息技术在众多的科学技术群体中越来越显示出强大的生命力。随着科学技术的飞速发展，各种高新技术层出不穷，日新月异，但是最主要、最快的发展仍然是信息技术。

1.2.1　现代信息技术基础知识

1. 信息与数据

一般来说，信息既是对各种事物的变化和特征的反映，又是事物之间相互作用和联系的表征。人通过接受信息来认识事物，从这个意义上来说，信息是一种知识，是接受者原来不了解的知识。

信息同物质、能源一样重要，是人类生存和社会发展的三大基本资源之一。可以说，信息不仅维系着社会的生存和发展，而且在不断地推动着社会和经济的发展。

数据是信息的载体。数值、文字、语言、图形、图像等都是不同形式的数据。

信息与数据是不同的，尽管人们有时把这两个词互换使用。信息有意义，而数据没有。例如，当测量一个病人的体温时，假定病人的体温是39℃，则写在病历上的39℃实际上是数据。39℃这个数据本身是没有意义的，39℃是什么意思？什么物质是39℃？但是，当数据以某种形式经过处理、描述或与其他数据比较时，一些意义就出现了，例如，这个病人的体温是39℃，这才是信息，信息是有意义的。

2. 信息技术

随着信息技术的发展，信息技术的内涵在不断变化，因此至今也没有统一的定义。一般来说，信息采集、加工、存储、传输和利用过程中的每一种技术都是信息技术，这是一种狭义的定义。在现代信息社会中，技术发展能够导致虚拟现实的产生，信息本质也被改写，一切可以用二进制进行编码的都被称为信息。因此，联合国教科文组织对信息技术的定义是：应用在信息加工和处理中的科学、技术与工程的训练方法和管理技巧；上述方法和技巧的应用；计算机及其人机的相互作用；与之相应的社会、经济和文化等诸种事物。在这个目前世界范围内较为统一的定义中，信息技术一般是指一系列与计算机等相关的技术。该定义侧重于信息技术的应用，对信息技术可能对社会、科技、人们的日常生活产生的影响及其相互作用进行了广泛研究。

信息技术不仅包括现代信息技术，还包括在现代文明之前的原始时代和古代社会中与其时代相对应的信息技术。不能把信息技术等同为现代信息技术。本节中介绍的是现代信息技术。

1.2.2 现代信息技术的内容

一般来说，信息技术（Information Technology，IT）包含三个层次的内容：信息基础技术、信息系统技术和信息应用技术。

1. 信息基础技术

信息基础技术是信息技术的基础，包括新材料、新能源、新器件的开发和制造技术。近几十年来，发展最快的，应用最广泛，对信息技术以及整个高科技领域的发展影响最大的是微电子技术和光电子技术。

（1）微电子技术

微电子技术是现代电子信息技术的直接基础。美国贝尔研究所的 3 位科学家因研制成功第一个结晶体三极管，获得 1956 年诺贝尔物理学奖。晶体管是集成电路技术发展的基础，现代微电子技术就是建立在以集成电路为核心的各种半导体器件基础上的高新电子技术。集成电路的生产始于 1959 年，其特点是体积小、重量轻、可靠性高、工作速度快。衡量微电子技术进步的标志有三个方面：一是缩小芯片中器件结构的尺寸，即缩小加工线条的宽度；二是增加芯片中所包含的元器件的数量，即扩大集成规模；三是开拓有针对性的设计应用。

大规模集成电路指每一单晶硅片上可以集成制作一千个以上的元器件。集成度在一万至十万元器件的为超大规模集成电路。集成电路有专用电路和通用电路之分。通用电路中最典型的是存储器和处理器，应用极为广泛。计算机的换代就取决于这两项集成电路的集成规模。

微电子技术是当今世界新技术革命的基石，给各行各业带来了革命性的变化。

（2）光电子技术

光电子技术是继微电子技术之后迅猛发展的综合性高新技术。1962 年半导体激光器的诞生是近代科学技术史上一个重大事件。经历十多年的初期探索，从20世纪70年代后期起，随着半导体光电子器件和硅基光导纤维两大基础器件在原理和制造工艺上的突破，光子技术与电子技术开始结合并形成了具有强大生命力的信息光电子技术和产业。光电子技术是一个比较庞大的体系，它包括信息传输如光纤通信、空间和海底光通信等，信息处理如计算机光互连、光计算、光交换等，信息获取如光学传感和遥感、光纤传感等，信息存储如光盘、全息存储技术等，信息显示如大屏幕平板显示、激光打印和印刷等；还包括光化学、生物光子学及激光医学、有机光子学与材料、激光加工、激光惯性约束核聚变、光子武器等诸多分支学科和应用领域。其中信息光电子技术是光电子学领域中最为活跃的分支，对国民经济和国防建设有举足轻重的影响。在信息技术发展过程中，电子作为信息的载体做出了巨大的贡献。但它也在速率、容量和空间相容性等方面受到严峻的挑战。采用光子作为信息的载体，其响应速度可达到飞秒量级，比电子快三个数量级以上。加之光子的高度并行处理能力，使其具有远超出电子的信息容量与处理速度的潜力。充分地利用电子和光子两大微观信息载体各自的优点，必将大大改善电子通信设备、电子计算机和电子仪器的性能，促使目前的信息技术跃进到一个新的阶段。

2. 信息系统技术

信息系统技术是指有关信息的获取、传输、处理、控制的设备和系统的技术。感测技术、通信技术、计算机与智能技术和控制技术是它的核心和支撑技术。

（1）信息获取技术

获取信息是利用信息的先决条件。目前，主要的信息获取技术是传感技术、遥测技术和遥感技术。

（2）信息处理技术

信息处理是指对获取的信息进行识别、转换、加工，使信息安全地存储、传输，并能方便地检索、再生、利用，或便于人们从中提炼知识、发现规律的工作手段。

长期以来，人类都是以人工的方式对信息进行处理的。在信息技术发展起来后，计算机技术（包括计算机硬件和计算机软件等技术）成为现代信息技术的核心。

（3）信息传输技术

信息传输技术就是指通信技术，是现代信息技术的支撑，如信息光纤通信技术、卫星通信技术等。通信技术的功能是使信息在大范围内迅速、准确、有效地传递，以便让广大用户共享，从而充分发挥其作用。近年来，每一次信息技术取得的重要突破都是以信息传输技术为主要内容的。

（4）信息控制技术

信息控制技术就是利用信息传递和信息反馈来实现对目标系统进行控制的技术，如导弹控制系统技术等。在信息系统中，对信息实施有效的控制，一直是信息活动的一个重要方面，也是利用信息的重要前提。

目前，人们把通信技术、计算机技术和控制技术合称为 3C（Communication、Computer 和 Control）技术。3C 技术是信息技术的主体。

（5）现代信息存储技术

中国四大发明之一的纸就是一种信息存储技术，近、现代以来发明的缩微品、磁盘、光盘是现代的信息存储技术。从广义上来说，纸质图书、电影、录像带、唱片、缩微品、磁盘、光盘、多媒体系统等都是信息存储的介质，与它们相对应的技术便构成了现代信息存储技术。

3. 信息应用技术

信息应用技术是针对种种实用目的，如信息管理、信息控制、信息决策而发展起来的具体的技术群类。如工厂的自动化、办公自动化、家庭自动化、人工智能和互联通信技术等，它们是信息技术开发的根本目的所在。

信息技术在社会的各个领域得到广泛的应用，显示出强大的生命力。纵观人类科技发展的历程，还没有一项技术像信息技术一样对人类社会产生如此巨大的影响。

1.2.3　现代信息技术的特点

展望未来，在社会生产力发展、人类认识和实践活动的推动下，信息技术将得到更深、更广、更快的发展，其发展趋势可以概括为数字化、多媒体化、高速度、网络化、宽频带、智能化等。

1. 数字化

当信息被数字化并经由数字网络流通时，一个拥有无数可能性的全新世界便由此揭开序幕。大量信息可以被压缩，并以光速进行传输，数字传输的信息品质又比模拟传输的品质要好得多。许多种信息形态能够被结合、被创造，例如多媒体文件。新的数字式用品也将被制造出来，有些小巧得足以放进人们的口袋里，有些则大得足以对商业和个人生活的各个层面造成重大影响。

2. 多媒体化

随着未来信息技术的发展，多媒体技术将文字、声音、图形、图像、视频等信息媒体与计算机集成在一起，使计算机的应用由单纯的文字处理进入文字、图形、声音、影像集成处理。随着数字化技术的发展和成熟，每一种媒体都将被数字化并容纳进多媒体的集合里，系统将信息整合在人们的日常生活中，以接近于人类的工作方式和思考方式来设计与操作。

3. 高速度、网络化、宽频带

目前，几乎所有国家都在进行最新一代的信息基础建设，即建设宽频高速公路。尽管今日的 Internet 已经能够传输多媒体信息，但仍然被认为是一条低容量频宽的网络路径，被形象地称为一条花园小径。下一代的 Internet 技术（Internet 2）的传输速率将达到 2.4 Gbps。实现宽频的多媒体网络是未来信息技术的发展趋势之一。

4. 智能化

直到今日，不仅是信息处理装置本身几乎没有智慧，作为传输信息的网络也几乎没有智能。对于大多数人而言，只是为了找有限的信息，却要在网络上耗费许多时间，这是非常不实际的。随着未来信息技术向着智能化的方向发展，在超媒体的世界里，"软件代理"可以替人们在网络上漫游。"软件代理"不再需要浏览器，它本身就是信息的寻找器，它能够收集任何可能想要在网络上取得的信息。

思　考　题

1. 冯·诺依曼体系结构计算机有什么特点？为什么现在的计算机都称为冯·诺依曼体系结构计算机？

2. 计算机的发展经历了哪几个阶段？各阶段的主要特征是什么？

3. 按综合性能指标划分，计算机一般分为哪几类？请列出各类计算机的代表机型。

4. 电子商务有哪几种常见类型？

5. 什么是图灵测试？

6. 信息与数据的区别是什么？

7. 什么是信息技术？

8. 为什么说微电子技术是整个信息技术领域的基础？

9. 信息处理技术具体包括哪些内容？3C 的含义是什么？

10. 试述当代计算机的主要应用。

第2章 计算机系统

随着计算机技术的快速发展,计算机应用已渗透到社会的各个领域。为了更好地使用计算机,必须对计算机系统有个全面了解。本章主要介绍计算机系统、计算机硬件系统及其工作原理、计算机软件系统、微型计算机硬件系统等。

2.1 计算机系统的组成和工作原理

2.1.1 计算机系统的组成

一个完整的计算机系统是由硬件系统和软件系统两部分组成的,如图2.1.1所示。硬件是各种物理部件的有机组合,是指看得见摸得着的实体。硬件系统主要由中央处理器、存储器、输入输出控制系统和各种外部设备组成。软件是各种程序和文件,是看不见摸不着的,用于指挥全系统按要求进行工作。软件系统是在计算机上运行的所有软件的总称。

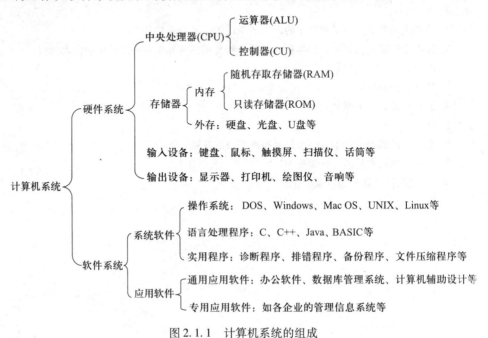

图2.1.1 计算机系统的组成

2.1.2 计算机硬件系统

现在使用的计算机虽然种类很多，制造技术也发生了极大的变化，但在基本的体系结构方面，一直沿袭着冯·诺依曼的体系结构。

计算机硬件系统的主要特点如下。

（1）计算机硬件由五个基本部分组成：运算器、控制器、存储器、输入设备和输出设备，其结构如图 2.1.2 所示。

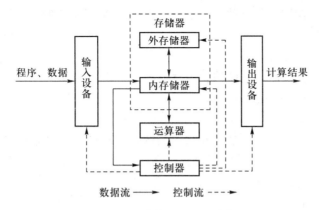

动画 2-1：
计算机的基本
结构

图 2.1.2　计算机的基本结构

（2）程序和数据以二进制的形式存放在存储器中。

（3）控制器根据存放在存储器中的指令序列（程序）进行工作。

1. 运算器

运算器又称算术逻辑单元（Arithmetic and Logic Unit，ALU）。运算器的主要功能是算术运算和逻辑运算。运算器不断地从存储器中得到要加工的数据，对其进行加、减、乘、除及各种逻辑运算，并将处理后的结果送回存储器或暂存在运算器中。运算器对内存的读写操作是在控制器的控制之下进行的。

2. 控制器

控制器（Control Unit，CU）是指挥计算机的各个部件按照指令的功能要求协调工作的部件，是计算机的神经中枢和指挥中心，只有在它的控制之下整个计算机才能有条不紊地工作，自动执行程序。控制器的基本功能是从内存取指令和执行指令。

中央处理器（Central Processing Unit，CPU）是由运算器和控制器组成的。

3. 存储器

存储器是计算机用来存放程序和数据的记忆装置，是计算机中各种信息交流的中心。它的基本功能是能够按照指定位置存入或取出二进制信息。它通常分为内存储器和外存储器。

（1）内存储器。内存储器简称内存或主存，计算机可以直接从内存储器中存取信息，存储介质通常是半导体器件。

按存储器的读写功能分，内存可分为随机存取存储器（RAM）和只读存储器（ROM）。前者既可以读取数据又可以写入数据；后者只能从中读取数据，不能写入数据（固化指令）。通常所说的内存主要指 RAM，如果断电，RAM 中的信息会自动消失。

（2）外存储器。外存储器（简称外存或辅存）能长期保存信息，存储介质通常是磁性介质或光盘等。外存上的数据主要由操作系统来管理。外存一般只与内存进行数据交换。

内存的特点是存取速度快，但存储容量小、价格贵。外存的特点是存储容量大、价格低，但是存取速度慢。

4. 输入设备

输入设备用来接受用户输入的原始数据和程序，并将它们转变为计算机可以识别的形式（二进制）存放到内存中。常用的输入设备有键盘、鼠标、触摸屏、扫描仪、话筒等。

5. 输出设备

输出设备用于将存放在内存中由计算机处理的结果转变为人们所能接受的形式。常用的输出设备有显示器、打印机、绘图仪、音响等。

输入设备和输出设备简称 I/O（Input/Output）设备。

2.1.3 计算机的基本工作原理

按照冯·诺依曼计算机的概念，计算机的基本原理就是存储程序和程序控制，也就是将编写好的程序和原始数据，输入并存储在计算机的内存储器中（即"存储程序"）；计算机按照程序逐条取出指令加以分析，并执行指令规定的操作（即"程序控制"）。这一原理称为"存储程序"原理，是现代计算机的基本工作原理，至今的计算机仍采用这一原理。

动画 2-2：
计算机的工作
原理

1. 计算机的指令系统

指令是指计算机执行某种操作的命令，它是能被计算机识别并执行的二进制代码。指令由两个部分组成：操作码和地址码。

操作码	地址码

（1）操作码。操作码指明该指令要完成的操作的类型或性质，如取数、做加法、输出数据等。操作码的位数决定了一个机器操作指令的条数。当使用定长操作码格式时，若操作码位数为 n，则指令条数可有 2^n 条。

（2）地址码。地址码指明操作数或操作数的地址。

一台计算机的所有指令的集合称为该计算机的指令系统。不同的计算机类型指令系统的指令条数也不同。但无论哪种类型的计算机，指令系统都应具有以下功能的指令。

（1）数据传送指令。将数据在内存与 CPU 之间进行传送。

（2）数据处理指令。数据进行算术、逻辑或关系运算。

（3）程序控制指令。控制程序中指令的执行顺序，如条件转移、无条件转移、调用子程序、返回、停机等。

（4）输入输出指令。用来实现外部设备与主机之间的数据传输。

（5）其他指令。对计算机的硬件进行管理等。

程序是指能完成一定功能的指令序列，也就是说，程序是计算机指令的有序集合。计算机按照程序设定的指令顺序依次执行，并完成对应的一系列操作，这就是程序执行的过程。

2. 计算机的工作原理

计算机的工作过程就是执行指令的过程。程序是为实现特定目标而用程序设计语言描述的指令（语句）序列。如图 2.1.3 所示，计算机在运行时，先从内存中取出第一条指令，通过控制器的译码分析，并按指令要求从存储器中取出数据进行指定的运算或逻辑操作，然后再按地址把结果送到内存中，接着按照程序的逻辑结构有序地取出第二条指令，在控制器的控制下完成规定操作。依次执行，直到遇到结束指令。

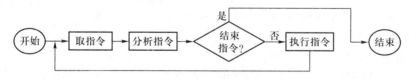

图 2.1.3 程序的执行过程

下面以图 2.1.4 所示为例详细介绍指令的执行过程。

指令的执行过程分为以下 3 个步骤。

（1）取指令。按照程序计数器中的地址（0100H），从内存储器中取出指令（070270H），并送往指令寄存器。

（2）分析指令。对指令寄存器中存放的指令（070270H）进行分析，由指令译码器对操作码（07H）进行译码，将指令的操作码转换成相应的控制电位信号；由地址码（0270H）确定操作数地址。

（3）执行指令。由操作控制线路发出完成该操作所需要的一系列控制信息，去完成该指令所要求的操作。例如做加法指令，取内存单元（0270H）的值和累加器的值相加，结果还是放在累加器。

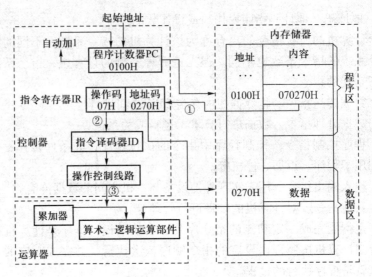

图 2.1.4 指令的执行过程

一条指令执行完成，程序计数器加 1 或将转移地址码送入程序计数器，继续重复执行下一条指令。

3. 流水线技术

早期的计算机串行执行指令，即在任何时刻只能执行一条指令。当完成了指令周期中的各个步骤以后才能执行下一条指令，在此过程中在执行某功能部件时，其他功能部件是不工作的。为了提高计算机执行指令的速度，使用指令流水线技术使得指令可并行执行。

指令流水线技术就如同现代工厂生产流水线（如汽车生产流水线等），在流水线上将生产一个产品的过程分解成若干道工序，任何时候每一道工序都在工作、每一个工人都没有空闲，但每人只负责一道工序，流水线每隔一道工序完成的时间出一个产品，这样生产的效率就大大提高了。计算机的指令流水线技术就是应用了这样的技术，可最大限度地利用了 CPU 的资源。

例 2.1 按照上面介绍的每条指令由 3 个步骤完成，则有 3 条指令的流水线的执行过程如图 2.1.5 所示。当某程序生成的指令很多时，流水线技术并行执行平均理论速度是串行执行的 3 倍。当然流水线方式的控制复杂，硬件成本要高。

图 2.1.5 流水线技术指令执行示意图

2.2 计算机软件系统

软件是指程序、程序运行所需要的数据以及开发、使用和维护这些程序所需要的文档的集合。计算机软件极为丰富，要对软件进行恰当的分类是相当困难的。一种通常的分类方法是将软件分为系统软件和应用软件两大类。实际上，系统软件和应用软件的界限并不十分明显，有些软件既可以认为是系统软件也可以认为是应用软件，如数据库管理系统。

2.2.1 系统软件

系统软件是指控制计算机的运行，管理计算机的各种资源，并为应用软件提供支持和服务的一类软件。在系统软件的支持下，用户才能运行各种应用软件。系统软件通常包括操作系统、程序设计语言与语言处理程序和各种实用程序。

1. 操作系统

为了使计算机系统的所有软、硬件资源协调一致，有条不紊地工作，就必须有一个软件来进行统一的管理和调度，这种软件就是操作系统。引入操作系统有如下两个目的。

首先，从用户的角度来看，操作系统将裸机改造成一台功能更强、服务质量更高、用户使用起来更加灵活方便、更加安全可靠的虚拟机，用户无须了解硬件和软件的细节就能使用计算机，从而提高用户的工作效率。

其次，操作系统是为了合理地使用系统内包含的各种软、硬件资源，提高整个系统的使用效率和经济效益。这如同运输系统没有调度中心，则无法提高效率及正常运行一样。

操作系统是最基本的系统软件，是现代计算机必备的软件，而且操作系统的性能很大程度上决定了整个计算机系统的性能。

目前典型的操作系统有 Windows、UNIX、Linux、Mac OS 等，详细介绍见第 4 章。

2. 程序设计语言与语言处理程序

（1）程序设计语言

自然语言是人们交流的工具，不同的语言（如汉语、英语等）描述出来的形式各不相同。而程序设计语言是人与计算机交流的工具，是用来书写计算机程序的工具，也可用不同语言来进行描述。程序设计语言有几百种，最常用的不过十多种。按照程序设计语言发展的过程大概分为三类。

① 机器语言。机器语言是由"0"、"1"二进制代码按一定规则组成的，

能被机器直接理解、执行的指令集合。机器语言中的每一条语句实际上是一条二进制形式的指令代码。

例 2.2 计算 A = 15 + 10 的机器语言程序如下：

10110000 00001111　　：把 15 放入累加器 A 中

00101100 00001010　　：10 与累加器 A 中的值相加,结果仍放入 A 中

11110100　　　　　　：结束,停机

由此可见，机器语言编写的程序像"天书"，编程工作量大，难学、难记、难修改，只适合专业人员使用。由于不同的机器的指令系统不同，因此机器语言随机而异，通用性差，是"面向机器"的语言。当然机器语言也有其优点，编写的程序代码不需要翻译，所占空间少，执行速度快。现在很少有人用机器语言直接编程了。

② 汇编语言。为了克服机器语言的缺点，人们将机器指令的代码用英文助记符来表示，代替机器语言中的指令和数据。因此，汇编语言是使用一些反映指令功能的助记符来代替机器语言的符号语言。例如用 ADD 表示加、SUB 表示减、JMP 表示程序跳转，等等，这种指令助记符的语言就是汇编语言，又称符号语言。

例 2.3 计算 A = 15 + 10 的汇编语言程序如下：

MOV　　　A,15　　　　:把 15 放入累加器 A 中

ADD　　　A,10　　　　:10 与累加器 A 中的值相加,结果仍放入 A 中

HLT　　　　　　　　:结束,停机

由此可见，汇编语言一定程度上克服了机器语言难读、难改的缺点，同时保持了其编程质量高、占存储空间少、执行速度快的优点。故在程序设计中，对实时性要求较高的地方，如过程控制等，仍经常采用汇编语言。但使用汇编语言编程需要直接安排存储，规定寄存器、运算器的动作次序，还必须知道计算机对数据约定的表示（定点、浮点、双精度）等，这对大多数人而言，都不是一件简单的事情。此外，汇编语言还依赖于机器，不同的计算机在指令长度、寻址方式、寄存器数目、指令表示等都不一样，这样使得汇编程序通用性较差。这导致了高级语言的出现。

③ 高级语言。为了从根本上改变上述语言的缺陷，使计算机语言更接近于自然语言并力求使语言脱离具体机器，达到程序可移植的目的，在 20 世纪 50 年代推出了高级语言。

高级语言是一种接近于自然语言和数学公式的程序设计语言。高级语言之所以"高级"，就是因为它使程序员可以不用与计算机的硬件打交道，程序员可以集中精力来解决问题本身而不必受机器制约，极大地提高了编程的效率。图 2.2.1 表示了上述三类语言在机器和人的自然语言之间的紧密关系程

度，通常机器语言和汇编语言称为低级语言。从计算机技术和程序设计语言发展的角度而言，其目标是让计算机直接理解人的自然语言，不需要计算机语言，但这个过程是漫长的。

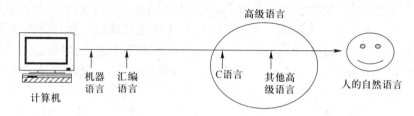

图 2.2.1 三类语言在机器和人的自然语言之间的紧密关系程度

要说明的是，C 语言是高级语言的一种，但它既具有离计算机硬件近，像汇编语言那样实现对硬件的编程操作，如对位、字节和地址等进行操作，又具有高级语言的基本结构和语句，因此 C 语言集高级语言和低级语言的功能于一体，因此有时称 C 语言为中级语言。它既适合高级语言应用的领域，如在数据库、网络、图形、图像等方面，又适合低级语言应用的领域，如工业控制、自动检测等方面，故得到了广泛应用。

例 2.4 计算 A = 15 + 10 的高级语言编写程序如下：

```
A = 15 + 10          '15 与 10 相加的结果放入 A 中
PRINT A              '输出 A
END                  '程序结束
```

（2）语言处理程序

在所有的程序设计语言中，除了用机器语言编制的程序能够被计算机直接理解和执行外，用其他的程序设计语言编写的程序计算机都不能直接执行，这种程序称为源程序，必须将源程序经过一个翻译过程才能转换为计算机所能识别的机器语言程序，实现这个翻译过程的工具是语言处理程序。针对不同的程序设计语言编写出的程序，语言处理程序也有不同的形式。

① 汇编程序。汇编程序是将汇编语言编制的程序（称为源程序）翻译成机器语言程序（也称为目标程序）的工具，其相互关系如图 2.2.2 所示。

图 2.2.2 汇编程序的作用

② 高级语言的翻译程序。高级语言翻译程序是将高级语言编写的源程序翻译成目标程序的工具。翻译程序有两种工作方式：编译方式和解释方式，

相应的翻译工具也分别称为编译程序和解释程序。

● 编译方式。翻译工作由 "编译程序" 来完成。这种方式如同 "笔译" 方式，在纸上记录翻译后的结果。编译程序对整个源程序经过编译处理，产生一个与源程序等价的 "目标程序"。但目标程序还不能立即装入机器执行，因为还没有连接成一个整体，在目标程序中还可能要调用一些其他语言编写的程序和标准程序库中的标准子程序，所有这些程序通过 "连接程序" 将目标程序和有关的程序库组合成一个完整的 "可执行程序"。其优点是产生的可执行程序可以脱离编译程序和源程序独立存在并反复使用，编译方式执行速度快。但每次修改源程序，必须重新编译生成目标程序。一般高级语言（C/C++、Pascal、FORTRAN、COBOL 等）都是采用编译方式。编译方式的大致工作过程如图 2.2.3 所示。

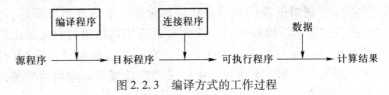

图 2.2.3　编译方式的工作过程

● 解释方式。解释方式的翻译工作由 "解释程序" 来完成。这种方式如同 "口译" 方式，解释程序对源程序进行逐句分析，若没有错误，将该语句翻译成一个或多个机器语言指令，然后立即执行这些指令。若当它解释时发现错误时，它会立即停止，报错并提醒用户更正代码。解释方式不生成目标程序，其工作过程如图 2.2.4 所示。

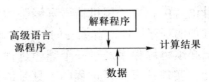

图 2.2.4　解释方式的工作过程

这种边解释边执行方式，特别适合于人机对话，并对初学者有利，便于查找错误的语句行和修改。但解释方式执行速度慢，原因有 3 个：其一，每次运行必须要重新解释，而编译方式编译一次，可重复运行多次；其二，若程序较大，且错误发生在程序的后面，则前面运行的是无效的；其三，解释程序只看到一条语句，无法对整个程序优化。BASIC、Python 等语言采用解释方式。

（3）典型的程序设计语言

从 1954 年第一门高级语言——FORTRAN 语言诞生以来的 60 多年时间

里，人们设计出了几百种语言，编程思想由面向过程发展到面向对象。典型的高级语言有如下几种。

① FORTRAN 语言。1954 年推出，是世界上最早出现的高级程序设计语言，FORTRAN 是 FORmula TRANslator 的缩写，顾名思义，该语言是用于科学计算。

② COBOL 语言。面向商业的通用语言，1959 年推出，主要用于数据处理，随着数据库管理系统的迅速发展，使用越来越少了。

③ Pascal 语言。结构化程序设计语言，1968 年推出，适用于教学、科学计算、数据处理和系统软件等开发。20 世纪 80 年代，随着 C 语言的流行，Pascal 语言走向了衰落。目前，Inprise 公司（即原 Borland）仍在开发 Pascal 语言系统的 Delphi，它使用面向对象与软件组件的概念，用于开发商用软件。

④ C 与 C++语言。1972 年推出 C 语言，它是为改写 UNIX 操作系统而诞生的。C 语言功能丰富、使用灵活、简洁明了、编译产生的代码短、执行速度快、可移植性强。C 语言虽然形式上是高级语言，但却具有与机器硬件打交道的底层处理能力。1983 年在 C 语言中加入面向对象的概念，对程序设计思想和方法进行了彻底革命，改名为 C++。由于 C++对 C 语言的兼容，而 C 语言的广泛使用，从而使得 C++成为应用最广的面向对象程序设计语言。

⑤ BASIC 语言。BASIC 是一种初学者语言，1964 年推出，早期的 BASIC 语言是非结构化的、功能少、解释型、速度慢。随着计算机技术的发展，各种开发环境的 BASIC 语言有了很大的改进。1991 年微软推出可视化的、基于对象的 Visual Basic 开发环境，给非计算机专业的广大用户开发 Windows 环境下的应用软件带来了便利，发展到现在的 Visual Basic. NET 开发环境，则是完全面向对象的，功能更强大。

⑥ Java 语言。Java 语言是一种新型的跨平台的面向对象设计语言，1995 年推出，主要为网络应用开发使用。Java 语言语法类似 C++，但其简化并去除了 C++语言中一些容易被误用的功能，如指针等，使程序更加严谨、可靠、易懂。尤其是 Java 与其他语言不同，编写的源程序既要经过编译生成一种称为 Java 字节编码，又要被解释，可在任何环境下运行，有"写一次，到处跑"的跨平台优点，成为 21 世纪 Internet 上应用的重要编程语言。

3. 实用程序

实用程序完成一些与管理计算机系统资源及文件有关的任务。通常情况下，计算机能够正常地运行，但有时也会发生各种类型的问题，如硬盘损坏、感染病毒、运行速度下降等。在这些问题严重或扩散之前解决是一些实用程序的作用之一。另外，有些服务程序是为了用户能更容易、更方便地使用计算机，如压缩磁盘上的文件，提高文件在 Internet 上的传输速率等。

当今的操作系统都包含系统服务程序，如 Windows 中的"系统工具"中提供了磁盘清理、磁盘碎片整理程序等，如图 2.2.5 所示。软件开发商也提供了一些独立的实用程序为系统服务，如系统设置的优化软件 Windows 优化大师，压缩文件软件 WinRar，磁盘克隆软件 Ghost 等。

图 2.2.5   "系统工具"菜单

2.2.2   应用软件

利用计算机的软、硬件资源为某一专门的应用目的而开发的软件称为应用软件。尤其是随着微型计算机的性能提高、Internet 网络的迅速发展，应用软件丰富多彩。下面对一些常见的软件进行简要介绍。

1. 办公软件

办公软件是为办公自动化服务的。现代办公涉及对文字、数字、表格、图表、图形、图像、语音等多种媒体信息的处理，就需要用到不同类型的软件。办公软件包含很多组件，一般有文字处理、演示软件、电子表格、桌面出版等。为了方便用户维护大量的数据，与网络时代同步，现在推出的办公软件还提供了小型的数据库管理系统、网页制作、电子邮件等组件。

目前常用的办公软件有微软公司的 Microsoft Office 和我国金山公司的 Kingsoft Office，图 2.2.6 显示了 Microsoft Office 2010 组件的组成。

2. 图形和图像处理软件

计算机已经广泛应用在图形和图像处理方面，除了硬件设备的迅速发展外，还应归功于各种绘图软件和图像处理软件的发展。

图 2.2.6   Office 2010 组件的组成

（1）图像软件

图像软件主要用于创建和编辑位图图像文件。在位图文件中，图像由成千上万个像素点组成，就像计算机屏幕显示的图像一样。位图文件是非常通用的图像表示方式，它适合表示像照片那样的真实图片。

Windows 自带的"画图"软件是一个简单的图像软件，Adobe 公司开发的 Photoshop 软件是目前流行的图像软件，广泛应用于美术设计、彩色印刷、排版、摄影和创建 Web 图片等。

例 2.5　利用 Adobe Photoshop 软件将图 2.2.7 上面的两张图片取全部或部分内容合并后生成左下方图片的效果。

图 2.2.7　Adobe Photoshop 软件工作界面

其他常用图像软件还有 Corel Photo、Macromedia xRes 等。

（2）绘图软件

绘图软件主要用于创建和编辑矢量图文件。在矢量图文件中，图形由对象的集合组成，这些对象包括线、圆、椭圆、矩形等，还包括创建图形所必需的形状、颜色以及起始点和终止点。绘图软件主要用于创作杂志、书籍等出版物上的艺术线图以及用于工程和 3D 模型。

常用的绘图软件有 Adobe Illustrator、AutoCAD、CorelDraw、Macromedia FreeHand 等。

由美国 AutoDesk 公司开发的 AutoCAD 是一个通用的交互式绘图软件包，应用广泛，常用于绘制土建工程图、机械图等。

例 2.6　利用 AutoCAD 制作建筑立面图，图 2.2.8 显示了该软件的操作界面和制作效果。

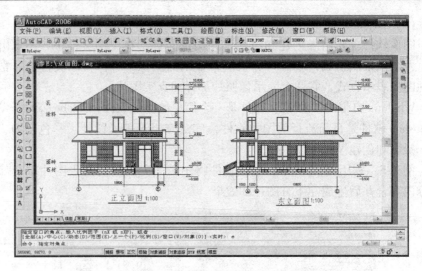

图 2.2.8   AutoCAD 制作的建筑立面图和操作界面

（3）动画制作软件

图片比单纯文字更容易吸引人的目光，而动画又比静态图片引人入胜。一般动画制作软件都会提供各种动画编辑工具，只要依照自己的想法来排演动画，分镜的工作就交给软件处理。例如，一只蝴蝶从花园一角飞到另一角，制作动画时只要指定起始与结束镜头，并决定飞行时间，软件就会自动产生每一格画面的程序。动画制作软件还提供场景变换、角色更替等功能。动画制作软件广泛用于游戏软件、电影制作、产品设计、建筑效果图等。

常见的动画制作软件有 3D MAX、Flash、After Effect 等。

例 2.7   3D MAX 是 AutoDesk 公司推出的个人机上的三维动画（简记为 3D）制作软件。3D MAX 源自 3D Studio，功能更强，具有建模、修改模型、赋材质、运动控制、设置灯光和摄像机、插值生成动画以及后期制作等功能。图 2.2.9 显示了 3D MAX 软件制作的效果和操作界面。

3. 数据库系统

数据库系统是 20 世纪 60 年代末产生并发展起来的，主要是面向解决数据处理的非数值计算问题，广泛用于档案管理、财务管理、图书资料管理、成绩管理及仓库管理等各类数据处理。数据库系统由数据库（存放数据）、数据库管理系统（管理数据）、数据库应用软件（应用数据）、数据库管理员（管理数据库系统）和硬件等组成。

（1）数据库管理系统

数据库管理系统是数据库系统的重要组成部分，其主要提供的功能有建立数据库，编辑、修改、增删数据库内容等对数据的维护功能；对数据的检

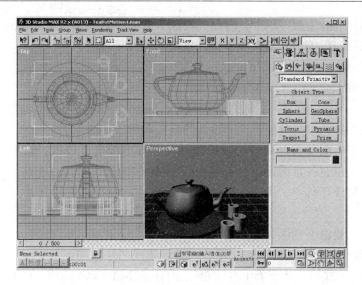

图 2.2.9 3D MAX 软件制作的效果和操作界面

索、排序、统计等使用数据库的功能；友好的交互式输入输出能力；使用方便、高效的数据库编程语言；允许多用户同时访问数据库；提供数据独立性、完整性、安全性的保障。

目前常用的数据库管理系统有 Access、MySQL、SQL Server、Oracle、Sybase、DB2 等。

（2）数据库应用软件

利用数据库管理系统的功能，自行设计开发符合自己需求的数据库应用软件，是目前计算机应用最为广泛并且发展最快的领域之一，如学校一卡通管理系统、学生成绩管理系统、通用考试系统等。

4. Internet 服务软件

近年来，Internet 在全世界迅速发展，人们的生活、工作、学习已离不开 Internet。Internet 服务软件琳琅满目，常用的有浏览器、电子邮件、文件传输、博客和微信、即时通信等软件等，第 8 章将全面介绍。

2.3 微型计算机硬件系统

微型计算机系统也由硬件系统和软件系统两大部分组成，本节将从用户的角度，以台式机为例，介绍微型计算机的硬件系统。

2.3.1 主机系统

从用户的角度看，台式机由机箱和外部设备组成。机箱里安装着计算机的主要部件，有主板、CPU、内存、硬盘、电源等；外部设备有鼠标、键盘、显示器和打印机等，外部设备连接在机箱的各种接口上。

1. 主板

（1）主板部件

主板（Main Board）也叫母板（Mother Board），是微型计算机中最大的一块集成电路板，也是其他部件和设备的连接载体，如图 2.3.1 所示。CPU、内存条、显卡等部件通过插槽（或插座）安装在主板上，硬盘、光驱等外部设备在主板上也有各自的接口，有些主板甚至还集成了声卡、显卡、网卡等部件。在微型计算机中，所有的部件和设备通过主板有机连接起来，构成完整的系统。

主板主要由下列两大部分组成。

① 芯片。主要有芯片组、BIOS 芯片、集成芯片（如声卡、网卡）等。

② 插槽/接口。主要有 CPU 插座、内存条插槽、PCI 插槽、PCI－E 插槽、SATA 接口、键盘/鼠标接口、USB 接口、音频接口、HDMI 接口等。

图 2.3.1 所示是一款系统主板，它集成了声卡、网卡，外部设备的接口齐全。有一个 PS/2 鼠标/键盘通用接口，有 DVI、HDMI 和 VGA 三种显示输出接口以及多个 USB 接口。

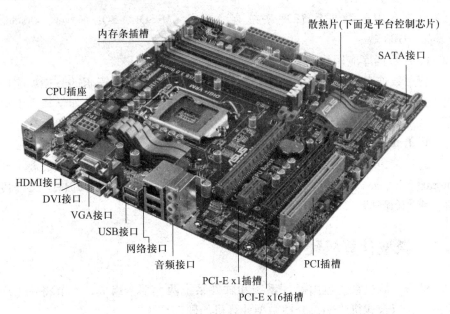

图 2.3.1 系统主板

（2）芯片组

芯片组是系统主板的灵魂，它决定了主板的结构及 CPU 的使用。如果说

CPU 是整个计算机系统的大脑，那么芯片组则是整个系统的心脏。可以这样说，计算机系统的整体性能和功能在很大程度上由主板上的芯片组来决定。新发布的 CPU 都有相应的芯片组支持。

主板上的芯片组由平台控制器芯片（Platform Controller Hub，PCH）组成，PCH 主要负责 USB 接口、I/O 接口、SATA 接口等的控制以及高级能源管理等。PCH 芯片一般位于离 CPU 插槽较远的下方，扩展插槽的附近，这种布局是考虑到它所连接的 I/O 总线较多，离 CPU 远一点有利于布线。

（3）板载功能

主板除了搭载 CPU、内存、硬盘等外设外，还可以附加许多原来由各种类型的卡所承担的功能，这些功能称为板载功能。目前，主板主要的板载功能有声卡、网卡、IEEE 1394 卡等。原先主板上的集成显卡现在集成在 CPU 的内部，称为 CPU 的显示核心。

2. CPU

CPU 是计算机的核心，其重要性好比大脑对于人一样，它负责处理、运算计算机内部的所有数据。计算机上所有的其他设备在 CPU 的控制下，有序地、协调地一起工作。

（1）主要性能指标

① 主频、睿频和 QPI 带宽。主频是指 CPU 的时钟频率，也是 CPU 的工作频率，单位是 Hz。一般来说，主频越高，运算速度也就越快。CPU 的运算速度还和 CPU 的其他性能指标（如高速缓存、CPU 的位数等）有关。

睿频也称为睿频加速，是一种能自动超频的技术。当开启睿频加速后，CPU 会根据当前的任务量自动调整 CPU 主频，重任务时提高主频发挥最大的性能，轻任务时降低主频进行节能。

QPI（Quick Path Interconnect）总线是用于 CPU 内核与内核之间、内核与内存之间的总线，是 CPU 的内部总线。QPI 带宽越高意味着 CPU 数据处理能力越强。QPI 总线可实现多核处理器内部的直接互联，而无须像以前一样必须经过芯片组。

QPI 总线的特点是数据传输延时短、传输速率高。QPI 总线每次传输 2 B 有效数据，而且是双向的，即发送的同时也可以接收。因此 QPI 总线带宽的计算公式如下：

QPI 总线带宽 = 每秒传输次数（即 QPI 频率）× 每次传输的有效数据 × 2

例如，QPI 频率为 6.4 GT/s 的总线带宽 = 6.4 GT/s × 2 B × 2 = 25.6 GB/s。

② 字长和位数。在计算机中，作为一个整体参与运算、处理和传送的一串二进制数称为一个"字"，组成"字"的二进制数的位数称为字长，字长等于通用寄存器的位数。通常所说的 CPU 位数就是 CPU 的字长，也是 CPU 中

通用寄存器的位数。例如，64 位 CPU 是指 CPU 的字长为 64，也指 CPU 中通用寄存器为 64 位。

③ 高速缓冲存储器容量。高速缓冲存储器（Cache）是位于 CPU 与内存之间的高速存储器，运行频率极高，一般是和 CPU 同频运作。Cache 能减少 CPU 从内存读取指令或数据的等待时间。CPU 往往需要重复读取同样的数据块，而大容量的 Cache 可以大幅度提升 CPU 内部读取数据的命中率，而不用再到内存中读取，因此提高系统性能。

由于 CPU 芯片面积和成本的因素，Cache 容量不能很大。目前，CPU 中的 Cache 一般分成三级：L1 Cache（一级缓存）、L2 Cache（二级缓存）和 L3 Cache（三级缓存），如图 2.3.2 所示。L1 Cache 和 L2 Cache 是每个核心独立的，而 L3 Cache 是共享的。缓冲级别越多并不代表 CPU 的性能越好，命中率越高才越好。实际上二级缓存以后，增加缓存的级数带来的是命中率提高的减少。

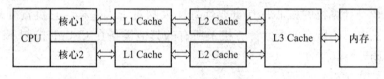

图 2.3.2　Cache 的三级结构

④ 多核和多线程。多核技术的开发是因为单一提高 CPU 的主频无法带来相应的性能提高，反而会使 CPU 更快地产生更多的热量，在短时间内会烧毁 CPU。所以在一个芯片上集成多个核心，通过提高程序的并发性来提高系统的性能。多核处理器一般需要一个控制器来协调多个核心之间的任务分配、数据同步等工作。

CPU 里的每个核心包含两大部件：控制器和运算器。普通核心是控制器在指令读取和分析时运算器闲置。多线程核心是在普通核心中增加一个控制器，独立进行指令读取和分析，共享运算器，这样就组成另一个功能完整的核心了。如图 2.3.3 所示。

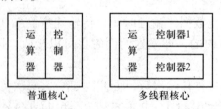

图 2.3.3　多线程

多线程减少了 CPU 的闲置时间，提高了 CPU 的运行效率。但是，要发挥这种效能除了操作系统支持之外，还必须要应用软件支持。就目前来说，大部分的软件并不能从多线程技术上得到好处。

（2）CPU 产品

生产 CPU 的主要公司有 Intel 和 AMD。Intel 的 CPU 主要有酷睿（Core）智能处理器的 3 个系列：Core i3、Core i5 和 Core i7。

① Intel CPU。2005 年，Intel 公司开始推出酷睿 CPU，致力于通过在一个 CPU 中集成多个核心的技术来提升 CPU 整体性能。早期的酷睿是基于笔记本计算机的处理器，从 2006 年开始的酷睿 2 是一个跨平台的构架体系，包括台式机、服务器和笔记本计算机三大领域。

2010 年 Intel 推出智能处理器酷睿 Core i 系列，主要有 Core i3、Core i5 和 Core i7，如图 2.3.4 所示。Core i3 为低端处理器，采用的核心数和缓存要少一些，Core i7 为高端处理器，拥有更多的核心和缓存。

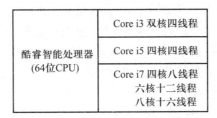

酷睿智能处理器 （64位CPU）	Core i3 双核四线程
	Core i5 四核四线程
	Core i7 四核八线程 六核十二线程 八核十六线程

图 2.3.4　Core CPU（台式机）

智能处理器的新特性如下：
- 采用睿频加速技术，按负载提升主频，高效节能。
- 采用超线程技术，提升 CPU 的并行处理能力。
- 集成高清显卡，大幅提升 3D 性能。

② AMD CPU。AMD 系列中的各个 CPU 在 Intel 中都能找到对应的产品，而且性能基本一致。AMD 主要有 A10、A8、A6、A4 等系列，对应于 Intel 的 Core i5、Core i3。

在同级别的情况下，AMD 的 CPU 浮点运算能力比 Intel 的稍弱，其强项在于集成的显卡。在相同的价格情况下，AMD 的配置更高，核心数量更多。

③ 国产 CPU——龙芯。龙芯（Loongson）是中国科学院计算所自主开发的通用 CPU，具有自主知识产权。龙芯是 RISC 型 CPU，采用简单指令集，如图 2.3.5 所示。

目前，最新的龙芯处理器是龙芯 3 B（主频 1.5 GHz、64 位、八核）。龙芯处理器主要应用于高性能计算机。它在高性能计算教学、大规模科学与工程计算，以及军事科学、国家安

图 2.3.5　龙芯 CPU

全和国民经济建设等领域，应用前景广阔。

除了上述 CPU 以外，还有两种应用在服务器和工作站上的 Itanium（安腾）和 Xeon（至强），都是 64 位 CPU。限于篇幅，这里不再介绍。

3. 内存储器

内存储器是 CPU 能够直接访问的存储器，用于存放正在运行的程序和数据。内存储器可分为 3 种类型：随机存取存储器（Random Access Memory, RAM）、只读存储器（Read Only Memory, ROM）和高速缓冲存储器（Cache）。

（1）RAM

RAM 就是人们通常所说的内存。RAM 里的内容可按其地址随时进行存取，RAM 的主要特点是数据存取速度较快，但是掉电后数据不能保存。

RAM 主要的性能指标有两个：存储容量和存取速度。主板上一般有两个或 4 个内存插槽，内存容量的上限受 CPU 位数和主板设计的限制。存取速度主要由内存本身的工作频率决定，目前可以达到 1 600 MHz。

目前内存的种类主要有 DDR3 和 DDR4，如图 2.3.6 所示。

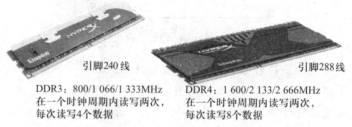

引脚240线　　　　　　　　　　　　　　　引脚288线

DDR3：800/1 066/1 333MHz　　　DDR4：1 600/2 133/2 666MHz
在一个时钟周期内读写两次，　　　在一个时钟周期内读写两次，
每次读写4个数据　　　　　　　　每次读写8个数据

说明：假定外频为100/133/166/200MHz，内存实际工作频率：
DDR3为800/1 066/1 333/1 600MHz，DDR4为1 600/2 133/2 666/3 200MHz

图 2.3.6　DDR3 和 DDR4 内存条

（2）ROM

ROM 是主要用于存放计算机启动程序的存储器。与 RAM 相比，ROM 的数据只能被读取而不能写入，如果要更改，就需要使用紫外线来擦除。另外，掉电以后 RAM 中的数据会自动消失，而 ROM 不会。

在计算机开机时，CPU 加电并且开始准备执行程序。此时，由于电源关闭时，RAM 中没有任何的程序和数据，所以 ROM 发挥作用。

BIOS（Basic Input Output System）即基本输入输出系统，它实际上是被固化到主板 ROM 芯片上的程序。它是一组与主板匹配的基本输入输出系统程序，能够识别各种硬件，还可以引导系统，这些程序指示计算机如何访问硬盘、加载操作系统并显示启动信息。启动的大致过程如图 2.3.7 所示。

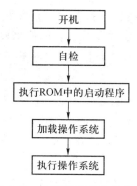

图 2.3.7　计算机启动的基本过程

4. 外存储器

外存储器作为主存储器的辅助和必要补充，在计算机中是必不可少的，它一般具有大容量、能长期保存数据的特点。

需要注意的是，任何一种存储技术都包括两个部分：存储设备和存储介质。存储设备是在存储介质上记录和读取数据的装置，例如硬盘驱动器、DVD 驱动器等。有些技术的存储介质和存储设备是封装在一起的，例如硬盘和硬盘驱动器；有些技术的存储介质和存储设备是分开的，例如 DVD 和 DVD 驱动器。

（1）机械硬盘

机械硬盘是计算机的主要外部存储设备，通常说的硬盘就是指机械硬盘。绝大多数微型计算机以及数字设备都有配置硬盘，主要原因是硬盘存储容量很大、经济实惠。

机械硬盘是由许多个盘片叠加组成的，因此有很多面，而且每个面上有很多磁道，每一个磁道上有很多扇区，如图 2.3.8 所示。

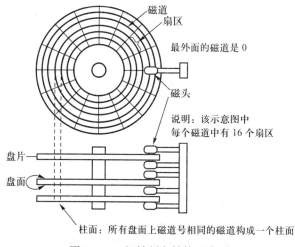

图 2.3.8　机械硬盘结构示意图

机械硬盘主要技术指标有两个：存储容量和数据传输速率。

① 存储容量是硬盘最主要的参数。目前机械硬盘存储容量已经超过 6 TB，一般微型计算机配置的硬盘容量为几百个 GB 到几个 TB。存储容量的计算公式如下：

$$存储容量 = 盘面数 \times 磁道数 \times 扇区数 \times 扇区容量$$

例如，一个机械硬盘有 64 个盘面，1 600 个磁道，1 024 个扇区，每个扇区 512 个字节，则它的容量是 $64 \times 1\,600 \times 1\,024 \times 512 \div 1\,024 \div 1\,024 \div 1\,024 = 50$ GB。

② 转速是指硬盘盘片每分钟转动的圈数，单位为 rpm。转速越快，意味着数据存取速度越快。机械硬盘的转速主要有 3 种：5 400 rpm、7 200 rpm 和 10 000 rpm。

（2）固态硬盘

固态硬盘（Solid – State Disk，SSD）是运用 Flash/DRAM 芯片发展出的最新硬盘，其存储原理类似于 U 盘。和机械硬盘相比，固态硬盘读写速度快、容量小、价格高、使用寿命有限。

目前的微型计算机的硬盘配置一般采用固态硬盘和机械硬盘双硬盘的混合配置方式。将操作系统的系统文件保存在固态硬盘中，通过减少文件读取时间而提高操作系统的运行效率。将非系统文件，如重要的数据、文档等，保存在机械硬盘中，可以长久保存。

硬盘接口的作用是在硬盘和主机内存之间传输数据。目前硬盘接口类型是 SATA（Serial ATA）接口，这是一种串行接口，无论是机械硬盘还是固态硬盘都采用这种接口。SATA 有多个版本，数据传输速率如下：

① SATA 2.0。数据传输率达到 300 MBps。

② SATA 3.0。数据传输率达到 600 MBps。

（3）光盘

光盘盘片是在有机塑料基底上加各种镀膜制作而成的，数据通过激光刻在盘片上。光盘存储器具有体积小、容量大、易于长期保存等优点。

读取光盘的内容需要光盘驱动器，简称光驱。光驱有两种，CD（Compact Disk）驱动器和 DVD（Digital erdatile Disk）驱动器。CD 光盘的容量一般为 650 MB。DVD 采用更有效的数据压缩编码，具有更高的磁道密度。因此 DVD 光盘的容量更大，一张 DVD 光盘的容量为 4.7 GB ~ 50 GB，相当于 7 ~ 73 张普通 CD 光盘。

衡量一个光驱性能的主要指标是读取数据的速率，光驱的数据读取速率是用倍速来表示的。CD – ROM 光驱的 1 倍速是 150 KBps，DVD 光驱的 1 倍速是 1 350 KBps。如某一个 CD – ROM 光驱是 8 倍速的，就是指这个光驱的数据的传输速率为 150 KBps × 8 = 1 200 KBps。目前 CD – ROM 光盘驱动器的数据传输速率最高为 64 倍速。而 DVD 光驱的速率最高为 20 倍速，这个速度基本上已经接近光盘驱动器的极限了。

（4）移动存储

常用的移动存储设备有 Flash 存储器和移动硬盘等。

① Flash 存储器是一种新型半导体存储器，它的主要特点是在断电时也能长期保持数据，而且加电后很容易擦除和重写，又有很高的存取速度。随着集成电路的发展，Flash 存储器集成度越来越高，而价格越来越便宜。

常见的 Flash 存储器有 U 盘和 Flash 卡两种，它们的存储介质相同而接口不同。U 盘采用 USB 接口，主要有 USB 2.0 和 USB 3.0 两种。计算机上的 USB 接口版本必须与 U 盘的接口类型一致才能达到最高的传输速率。

Flash 卡一般用作数码相机和手机的存储器，如 SD 卡。Flash 卡虽然种类繁多，但存储原理相同，只是接口不同。每种 Flash 卡需要相应接口的读卡器与计算机连接，计算机才能进行读写。

② 移动硬盘通常由笔记本计算机硬盘和带有数据接口电路的外壳组成，数据接口有 USB 接口和 IEEE1394 接口两种。笔记本计算机硬盘比普通的台式机硬盘尺寸要小，它的直径为 1.8 英寸，而台式机是 2.5 英寸。

2.3.2　总线与接口

1. 总线

在计算机系统中，总线（Bus）是各部件（或设备）之间传输数据的公用通道。从主机各个部件之间的连接，到主机与外部设备之间的连接，几乎都采用了总线，所以计算机系统是多总线结构的计算机。

从作用来说，总线与高速公路相似。例如，为了解决北京与上海之间的交通问题，就建设京沪高速公路（相当于总线），而沿线各城市（相当于部件或外部设备）就连接到该高速公路上，如图 2.3.9（a）和图 2.3.9（c）所示。

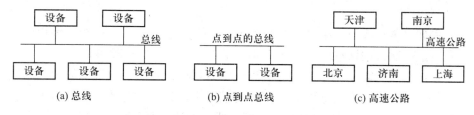

图 2.3.9　总线与高速公路作用比较

在总线结构中，各设备共享总线的带宽。例如，若总线的带宽为 10 Mbps，总线上连接了 5 个设备，则每一个设备的带宽为 2 Mbps。因此，当总线上连接的设备较多时，每一个设备的有效传输速率就降低了。为了提高设备的数据传输速率，现在计算机系统中开始广泛采用点到点的传输方式，如图 2.3.9（b）所示。在这种总线结构中，每一个设备独享带宽。

从数据传输方式分，总线可分为串行总线和并行总线。在串行总线中，二进制数据逐位通过一根数据线发送到目的部件（或设备），如图 2.3.10 所示。常见的串行总线有 RS–232、PS/2、USB 等。在并行总线中，数据线有许多根，故一次能发送多个二进制位数据，如图 2.3.11 所示，如 PCI 总线等。

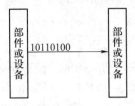

1 次发送 1 个位，1 个字节分 8 次发送

图 2.3.10　串行总线的工作方式

1 次发送 8 个位，1 个字节 1 次发送

图 2.3.11　并行总线的工作方式

总线的主要技术指标有 3 个：总线带宽、总线位宽和总线工作频率。

（1）总线带宽

总线带宽是指单位时间内总线上传送的数据量，反映了总线数据传输速率。总线带宽与位宽和工作频率之间的关系是：

$$总线带宽 = 总线工作频率 \times 总线位宽 \times 传输次数 / 8$$

其中，传输次数是指每个时钟周期内的数据传输次数，一般为 1。

（2）总线位宽

总线位宽是指总线能够同时传送的二进制数据的位数。例如，32 位总线、64 位总线等。总线位宽越宽，总线带宽越大。

（3）总线工作频率

总线的工作频率以 Hz 为单位，工作频率越高，总线工作速度越快，总线带宽越大。

例如，某总线的工作频率为 33 MHz，总线位宽为 32 位，一个时钟周期内数据传输一次，则该总线带宽 = 33 MHz × 32 位 × 1 次/8 = 132 MBps。

系统总线是微型计算机系统中最重要的总线，人们平常所说的微机总线就是指系统总线。系统总线用于 CPU 与接口卡的连接。为使各种接口卡能够在各种系统中实现"即插即用"，系统总线的设计要求有统一的标准，与具体的 CPU 型号无关。常见的系统总线有 PCI 总线、PCI–E 总线等。

（1）PCI

PCI（Peripheral Component Interconnect，外设组件互连标准）是 Intel 公司

1991 年推出的局部总线标准。它是一种 32 位的并行总线（可扩展为 64 位），总线频率为 33 MHz（可提高到 66 MHz），最大传输速率可达 $66 \text{ MHz} \times 64/8 = 528 \text{ MBps}$。

PCI 总线的最大优点是结构简单、成本低、设计容易。PCI 总线的缺点也比较明显，就是总线带宽有限。若同时有多个设备，将共享总带宽。

（2）PCI - E

PCI - E（PCI Express，PCI 扩展标准）是一种新型总线标准，是一种多通道的串行总线。PCI - E 的主要优势就是数据传输速率高，总线带宽独享。每个 PCI - E 设备与控制器是点对点的连接，因此数据带宽是独享的。

PCI - E 采用多通道传输机制。多个通道相互独立，共同组成一条总线。例如，PCI - E x16 表示 16 通道。一般 PCI - E 的设备应插在相同通道数的插槽上，但是 PCI - E 向下兼容，即 PCI - E x4 的设备可以插在 PCI - E x4 及以上的插槽上。

PCI - E 总线也有 1.0、2.0 和 3.0 多个版本，高版本的数据传输带宽更高，PCI - E 1.0 带宽是 250 MBps，PCI - E 2.0 带宽是 500 MBps，PCI - E 3.0 带宽是 1 GBps。

2. 接口

各种外部设备通过接口与计算机主机相连。使用接口连接的常见外部设备有打印机、扫描仪、U 盘、MP3 播放器、数码相机（DC）、数码摄像机（DV）、移动硬盘、手机、写字板等。

主板上常见的接口有 USB 接口、HDMI 接口、音频接口和显示接口等，如图 2.3.12 所示。

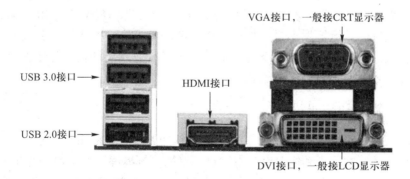

图 2.3.12　外部设备接口

（1）USB 接口

USB（Universal Serial Bus，通用串行总线）接口是一种串行总线接口，于 1994 年由 Intel、Compaq、IBM、Microsoft 等多家公司联合提出的计算机新型接口技术，由于其支持热插拔、传输速率较高等优点，成为目前外部设备的主流接口方式。

USB 接口目前有如下两个规范。

① USB 2.0（黑色）。传输速率可达 60 Mbps。

② USB 3.0（蓝色）。传输速率可达 600 Mbps，足以满足大多数外部设备的要求。

USB 3.0 向下与 USB 2.0 兼容。也就是说，所有 USB 2.0 的设备都可以直接在 USB 3.0 的接口上使用而不必担心兼容性问题。

USB 接口广泛应用于数码相机、数码摄像机、测量仪器、移动硬盘等数码设备。

（2）IEEE 1394 接口

IEEE 1394 接口是为了连接多媒体设备而设计的一种高速串行接口标准。IEEE 1394 目前传输速率可以达到 400 Mbps，将来会提升到 800 Mbps、1 Gbps、1.6 Gbps。同 USB 一样，IEEE 1394 也支持热插拔，可为外部设备提供电源，能连接多个不同设备。现在支持 IEEE 1394 的设备不多，主要是数字摄像机、移动硬盘、音响设备等。

（3）HDMI 接口

HDMI（High Definition Multimedia Interface，高清晰度多媒体接口）是一种数字化视频/音频接口技术，可同时传送视频和音频信号，最高数据传输速度为 5 Gbps。

HDMI 接口是替代 DVI（Digital Visual Interface，数字显示接口）的高清显示输出的新接口。由于 DVI 接口暴露出的种种问题，成为高清视频技术发展的瓶颈。DVI 接口不兼容平板高清电视，DVI 接口只有 8 位的 RGB 信号，不能让广色域的显示器发挥最佳性能，DVI 接口只能传输图像信号并没有音频信号。人们迫切需要一种能满足未来高清视频行业发展的接口技术，也正是基于此，才促使了 HDMI 的诞生。

2.3.3　输入和输出设备

输入和输出设备（又称为外部设备）是计算机系统的重要组成部分。微型计算机的基本输入和输出设备有键盘、鼠标、触摸屏、显示器、打印机等。由于信息技术的长足进步，现在许多数码设备，如数码相机、数码摄像机、摄像头、投影仪等，已经成为常用外部设备，甚至像磁卡、IC 卡、射频卡等许多卡片的读写设备、条形码扫描器、指纹识别器等在许多应用领域也成为外部设备。本节仅简单介绍微型计算机的基本输入和输出设备，常用的数码设备将在第 8 章介绍，其余的外部设备本书不介绍，请读者在使用时查阅有关资料。

1. 基本输入设备

微型计算机的基本输入设备有键盘、鼠标、触摸屏。

（1）键盘

键盘是微型计算机必备的输入设备，通常连接在 PS/2（紫色）口或 USB 接口上。近年来，利用"蓝牙"技术无线连接到计算机的无线键盘也越来越多。

（2）鼠标

鼠标是微型计算机的基本输入设备，通常连接在 PS/2（绿色）口或 USB 接口上。与无线键盘一样，无线鼠标也越来越多。

常用的鼠标有两种：一种是机械式的，另一种是光电式的。一般来说，光电鼠标比机械鼠标好，因为光电鼠标更精确、更耐用、更容易维护。

在笔记本计算机中，一般还配备了轨迹球（TrackPoint）、触摸板（Touch-Pad），它们都是用来控制鼠标的。

（3）触摸屏

触摸屏是一种新型输入设备，是目前最简单、方便、自然的一种人机交互方式。触摸屏尽管诞生时间不长，因为可以代替鼠标或键盘，故应用范围非常广阔。目前主要应用于公共信息的查询和多媒体应用等领域，如银行、城市街头等地方的信息查询，将来肯定会走入家庭。

触摸屏一般由透明材料制成，安装在显示器的前面。它将用户的触摸位置转变为计算机的坐标信息，输入到计算机中。触摸屏简化了计算机的使用，即使是对计算机一无所知的人也能够马上使用，使计算机展现出更大的魅力。

2. 基本输出设备

微型计算机的基本输出设备有显示器和打印机。

（1）显示器

显示器是微型计算机必备的输出设备。目前，常用的显示器是液晶显示器（LCD），如图 2.3.13 所示。液晶显示器的主要技术指标有分辨率、颜色质量以及响应时间。

① 分辨率。分辨率是显示器上像素的数量。分辨率越高，显示器上的像素越多。常见的分辨率有 1 024 × 768、1 280 × 1 024、1 600 × 800、1 920 × 1 200 等。

② 颜色质量。颜色质量是指显示一个像素所占用的位数，单位是位（bit）。颜色位数

图 2.3.13 液晶显示器

决定了颜色数量，颜色位数越多，颜色数量越多。例如，将颜色质量设置为 24 位（真彩色），则颜色数量为 2^{24} 种。现在显示器允许用户选择 32 位的颜色质量，Windows 允许用户自行选择颜色质量。

③ 响应时间。响应时间是指屏幕上的像素由亮转暗或由暗转亮所需要的时间，单位是毫秒（ms）。响应时间越短，显示器闪动就越少，在观看动态画面时不会有尾影。目前液晶显示器的响应时间是 16 ms 和 12 ms。

（2）打印机

打印机是计算机最基本的输出设备之一。打印机主要的性能指标有两个：一是打印速度，单位是 ppm，即每分钟可以打印的页数（A4 纸）；二是分辨率，单位是 dpi，即每英寸的点数，分辨率越高打印质量越高。

目前使用的打印机主要有以下 4 类。

① 针式打印机。针式打印机是利用打印钢针按字符的点阵打印出文字和图形。针式打印机按打印头的针数可分为 9 针打印机、24 针打印机等。针式打印机工作时噪声较大，而且打印质量不好，但是具有价格便宜，能进行多层打印等特点，被银行、超市广泛使用。

② 喷墨打印机。喷墨打印机将墨水通过精制的喷头喷到纸面上形成文字与图像。喷墨打印机体积小，重量轻，噪声小，打印精度较高，特别是其彩色印刷能力很强，但打印成本较高，适于小批量打印。

③ 激光打印机。激光打印机利用激光扫描主机送来的信息，将要输出的信息在磁鼓上形成静电潜像，并转换成磁信号，使碳粉吸附在纸上，经加热定影后输出。激光打印机（见图 2.3.14）具有最高的打印质量和最快的打印速度，可以输出漂亮的文稿，也可以直接输出在用于印刷制版的透明胶片上。

图 2.3.14　激光打印机

④ 3D 打印。3D 打印是一种以计算机模型文件为基础，运用粉末状塑料或金属等可黏合材料，通过逐层打印的方式来构造物体的技术。它是一种新型的快速成型技术，传统的方法制造出一个模型通常需要数天，而用 3D 打印的技术则可以将时间缩短为数个小时。3D 打印被用于模型制造和单一材料产品的直接制造。3D 打印有广泛的应用领域和广阔的应用前景。3D 打印机如图 2.3.15 所示。

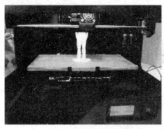

(a) 3D打印机正在打印模型　　　　(b) 3D打印出的模型和产品

图 2.3.15　3D 打印机

思 考 题

1. 简述计算机系统的组成。
2. 计算机硬件由哪几个部分组成？分别说明各部件的作用。
3. 指令和程序有什么区别？试述计算机执行指令的过程。
4. 指令的串行执行和并行执行有什么区别？
5. 什么是流水线技术？
6. 简述系统软件和应用软件的区别。
7. 简述机器语言、汇编语言、高级语言的各自特点。
8. 简述解释和编译的区别。
9. 简述将源程序编译成可执行程序的过程。
10. 简述常用各种高级语言的特点。
11. 微型计算机的基本结构由哪几部分组成？主机主要包括了哪些部件？
12. 微型计算机的发展方向是什么？
13. 系统主板主要包括了哪些部件？
14. 衡量 CPU 性能的主要技术指标有哪些？
15. 微型计算机的内部存储器按其功能特征可分为几类？各有什么特点？
16. 外部存储器上的数据能否被 CPU 直接处理？
17. 高速缓冲存储器的作用是什么？
18. 常用的外存储器有哪些？各有什么特点？
19. 什么是总线？按总线传输的信息特征可将总线分为哪几类？各自的功能是什么？
20. 什么是接口？USB 通用串行总线接口的主要特点是什么？

第 3 章　数据在计算机中的表示

电子教案：
数据在计算机中
的表示

计算机最基本的功能是对数据进行计算和加工处理，这些数据包括数值、字符、图形、图像、声音等。在计算机系统中，这些数据都要转换成 0 或 1 的二进制形式存储，也就是进行二进制编码。本章主要介绍常用数制及其相互转换，数值、字符以及多媒体信息在计算机中的表示。

3.1　进位计数制及相互转换

3.1.1　进位计数制

在日常生活中，经常遇到不同进制的数，如十进制数，逢十进一；一周有七天，逢七进一。平时用的最多的是十进制数，而计算机中存放的是二进制数，为了书写和表示方便，还引入了八进制数和十六进制数。无论哪种数制，其共同之处都是进位计数制。

在采用进位计数的数字系统中，如果只用 r 个基本符号（例如 0，1，2，$\cdots$，$r-1$）表示数值，则称其为 r 进制数（Radix $-r$ Number System），r 称为该数制的"基数"（Radix），而数制中每一固定位置对应的单位值称为"权"。表 3.1.1 是常用的几种进位计数制。

表 3.1.1　计算机中常用的几种进制数的表示

进位制	二进制	八进制	十进制	十六进制
规则	逢二进一	逢八进一	逢十进一	逢十六进一
基数	$r=2$	$r=8$	$r=10$	$r=16$
基本符号	0，1	0，1，2，$\cdots$，7	0，1，2，$\cdots$，9	0，1，$\cdots$，9，A，B，$\cdots$，F
权	2^i	8^i	10^i	16^i
角标表示	B（Binary）	O（Octal）	D（Decimal）	H（Hexadecimal）

不同的数制有共同的特点：其一是采用进位计数制方式，每一种数制都有固定的基本符号，称为"数码"；其二是都使用位置表示法，即处于不同位置的数码所代表的值不同，与它所在位置的"权"值有关。

例如，在十进制数中，678.34 可表示为：

$678.34 = 6 \times 10^2 + 7 \times 10^1 + 8 \times 10^0 + 3 \times 10^{-1} + 4 \times 10^{-2}$

可以看出，各种进位计数制中的权的值恰好是基数 r 的某次幂。因此，对任何一种进位计数制表示的数都可以写出按其权展开的多项式之和，任意一个 r 进制数 N 可表示为：

$$(N)_r = a_{n-1}a_{n-2}\cdots a_1 a_0 a_{-1}\cdots a_{-m}$$

$$= a_{n-1} \times r^{n-1} + a_{n-2} \times r^{n-2} + \cdots + a_1 \times r^1 + a_0 \times r^0 + a_{-1} \times r^{-1} + \cdots +$$

$$a_{-m} \times r^{-m}$$

$$= \sum_{i=-m}^{n-1} a_i \times r^i$$

$$(3-1)$$

其中 a_i 是数码，r 是基数，r^i 是权。不同的基数表示不同的进制数。

例 3.1 图 3.1.1 是二进制数的位权示意图，熟悉位权关系，对数制之间的转换很有帮助。

2^7	2^6	2^5	2^4	2^3	2^2	2^1	2^0		2^{-1}	2^{-2}
1	1	1	1	1	1	1	1	·	1	1
128	64	32	16	8	4	2	1		0.5	0.2

图 3.1.1 二进制数的位权示意图

例如，$(110111.01)_B = 32 + 16 + 4 + 2 + 1 + 0.25 = (55.25)_D$

3.1.2 不同进位计数制间的转换

1. r 进制数转换成十进制数

把任意 r 进制数按照公式（3-1）写成按权展开式后，各位数码乘以各自的权值累加，就可得到该 r 进制数对应的十进制数。

例 3.2 分别将二、八、十六进制数利用公式（3-1）转换为十进制数。

$(110111.01)_B = 1 \times 2^5 + 1 \times 2^4 + 1 \times 2^2 + 1 \times 2^1 + 1 \times 2^0 + 1 \times 2^{-2} = (55.25)_D$

$(456.4)_O = 4 \times 8^2 + 5 \times 8^1 + 6 \times 8^0 + 4 \times 8^{-1} = (302.5)_D$

$(A12)_H = 10 \times 16^2 + 1 \times 16^1 + 2 \times 16^0 = (2578)_D$

2. 十进制数转换成 r 进制数

将十进制数转换为 r 进制数时，可将此数分成整数与小数两部分分别转换，然后再拼接起来就可。

整数部分：采用除以 r 取余法，即将十进制整数不断除以 r 取余数，直到商为 0，余数从右到左排列，首次取得的余数在最右。

动画 3-1：
十进制数转换成
r 进制数

　　小数部分：采用乘以 r 取整法，即将十进制小数不断乘以 r 取整数，直到小数部分为 0 或达到所求的精度为止（小数部分可能永远不会得到 0）；所得的整数从小数点自左往右排列，取有效精度，首次取得的整数在最左。

例 3.3　将 $(100.345)_D$ 转换成二进制数。

（1）整数部分

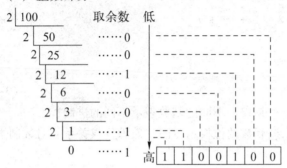

（2）小数部分

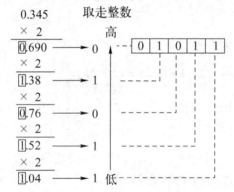

转换结果：$(100.345)_D \approx (1\,100100.01011)_B$

例 3.4　将十进制数 193.12 转换成八进制数。

```
                              0.12
                            ×   8
              取余数        0.96          取走整数位
                            ×   8         ──────→ 0
     8  193                 7.68
     8   24  ……  1          ×   8         ──────→ 7
     8    3  ……  0          5.44
          0  ……  3          ×   8         ──────→ 5
                            3.52
                                          ──────→ 4  三舍四入
```

转换结果：$(193.12)_D \approx (301.0754)_O$

注意：小数部分转换时可能是不精确的，要保留多少位小数没有规定，主要取决于用户对数据精度的要求。

3. 二进制、八进制、十六进制数间的相互转换

人们通常使用十进制数，计算机内部采用二进制数。由例 3.3 看到十进制数转换成二进制数的转换过程书写比较长。同样，二进制表示的数比等值的十进制数占更多的位数，书写也长，容易出错。为了方便起见，人们就借助八进制和十六进来进行转换和表示。由于二进制、八进制和十六进制之间存在特殊关系：$8^1 = 2^3$、$16^1 = 2^4$，即一位八进制数相当于 3 位二进制数；一位十六进制数相当于 4 位二进制数。因此转换方法就比较容易，如表 3.1.2 所示。

表 3.1.2　十进制、八进制与二进制，十进制、十六进制与二进制之间的关系

十进制	八进制	二进制	十进制	十六进制	二进制	十进制	十六进制	二进制
0	0	000	0	0	0000	9	9	1001
1	1	001	1	1	0001	10	A	1010
2	2	010	2	2	0010	11	B	1011
3	3	011	3	3	0011	12	C	1100
4	4	100	4	4	0100	13	D	1101
5	5	101	5	5	0101	14	E	1110
6	6	110	6	6	0110	15	F	1111
7	7	111	7	7	0111	16	10	10000
8	10	1000	8	8	1000			

根据这种对应关系，二进制数转换成八进制数时，以小数点为中心向左、右两边分组，每 3 位为一组，两头不足 3 位补 0 即可。同样，二进制数转换成十六进制数只要 4 位为一组进行分组。

动画 3-2： 二进制数与八进制数的转换

例 3.5　将二进制数 $(1101101110.110101)_B$ 转换成十六进制数。

　　$(\underline{0011}\ \underline{0110}\ \underline{1110}.\underline{1101}\ \underline{0100})_B = (36E.D4)_H$（整数高位和小数低位补零）

　　　3　　6　　E　　D　　4

例 3.6　将二进制数 $(1101101110.110101)_B$ 转换成八进制数。

　　$(\underline{001}\ \underline{101}\ \underline{101}\ \underline{110}.\underline{110}\ \underline{101})_B = (1556.65)_O$

　　　1　　5　　5　　6　　6　　5

动画 3-3： 二进制数与十六进制数的转换

例 3.7　将八（十六）进制数转换成二进制数只要一位化三（四）位即可。

$$(2C1D. A1)_H = (\underline{0010}\ \underline{1100}\ \underline{0001}\ \underline{1101}.\ \underline{1010}\ \underline{0001})_B$$
$$\qquad\qquad\quad 2\quad C\quad 1\quad D\quad A\quad 1$$

$$(7123. 14)_O = (\underline{111}\ \underline{001}\ \underline{010}\ \underline{011}.\ \underline{001}\ \underline{100})_B$$
$$\qquad\qquad\quad 7\quad 1\quad 2\quad 3\quad .\quad 1\quad 4$$

注意： 整数前的高位 0 和小数后的低位 0 可取消。

3.2　数据存储单位和内存地址

不论是什么类型的数据在内存中都是以二进制编码存放的。在介绍信息编码前，首先将数据单位的相关知识进行介绍，便于理解，这对后面学习程序设计很有帮助。

3.2.1　数据的存储单位

1. 位（bit）

在计算机中，数据存储的最小单位为一个二进制位（bit，简写为 b）。一位可存储一个二进制数 0 或 1。

2. 字节（Byte）

由于 bit 太小，无法用来表示数据的信息含义，所以把 8 个连续的二进制位组合在一起就构成一个字节（Byte，简写为 B）。一般用字节作为计算机存储容量的基本单位。常用的单位有 B、KB、MB、GB、TB，它们之间的换算关系为：

$1\ KB = 2^{10}B = 1\ 024\ B$

$1\ MB = 2^{20}B = 1\ 024\ KB$

$1\ GB = 2^{30}B = 1\ 024\ MB$

$1\ TB = 2^{40}B = 1\ 024\ GB$

一般一个字节存放一个西文字符，两个字节存放一个中文字符；一个整数占 4 个字节，一个双精度实数占 8 个字节。

例如西文字符 "A" 的二进制编码为 "0100 0001"，即编码值为 65。

3.2.2　内存地址和数据存放

不同类型的数据如何存放到内存以便计算机处理，又如何取出，这些涉及内存的地址问题。

众所周知，城市的每条街中的住户有唯一的门牌号，可以使得邮递员准确地投递信件。同样，内存如同一条街（长度由内存容量决定），每家住户的大小是规定好的，即一个字节；每家都有唯一的门牌号，即内存地址，这样可以方便地存储数据。当然，不同的数据类型占据的字节数不同。

例3.8 在 C 语言中声明了如下变量：

int　　n = 100;　　　　　　//整型变量占 4 个字节

double　x = 3.56　　　　　//双精度变量占 8 个字节

假定两个变量 n、x 在内存中连续存放，变量 n 的存放起始地址为 1000H，则两个变量在内存中的存放如图 3.2.1 所示。

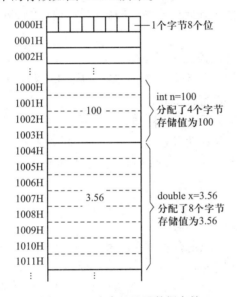

图 3.2.1　内存地址及数据存储

注意：对程序设计人员来说，不必关心具体的内存地址是多少，因为变量在内存中的地址是在程序执行时确定的。

3.3　信息编码

3.3.1　信息编码概述

1. 什么是编码

在数字化社会，编码与人们密切相关：身份证号、电话号码、邮政编码、条形码、扫描码、学号、工号等都是编码。什么是编码没有严格定义，通俗地说，编码是用数字、字符、图形等按规定的方法和位数来代表特定的信息，主要目的则是为了人与计算机之间信息交流和处理。

例如，某校每年招生规模不超过 10 000 人，学号编码为了能唯一地表示某学生，一般可采用 6 位编码，前两位为入学年份，后 4 位为本年新生的序列号，编码值的大小无意义，仅作为识别与使用这些编码的依据。

大家还应该记忆犹新，当初计算机中为了节约空间，存储日期中的年份用两位表示，到了 2000 年，无法唯一地识别年份，造成了"千年虫"问题，花费了昂贵的代价来解决这个问题。

在计算机中要将数值、文字、图形、图像、声音等各种数据进行二进制编码才能存放到计算机中进行处理，编码的合理性影响到占用的存储空间和使用效率。

2. 计算机为什么采用二进制编码

计算机中任何形式的数据存放时都是以"0"和"1"二进制编码表示的，采用二进制编码的优点如下。

（1）物理上容易实现，可靠性强

电子元器件大都具有两种稳定状态：电压的高和低；晶体管的导通和截止；电容的充电和放电等。这两种状态正好用来表示二进制数的两个数码——0 和 1。

两种状态分明，工作可靠，抗干扰能力强。

（2）运算简单，通用性强

二进制数乘法运算规则有 3 种：$1 \times 0 = 0 \times 1 = 0$，$0 \times 0 = 0$，$1 \times 1 = 1$。若用十进制数的运算法则要有 55 种。

（3）计算机中二进制数的 0、1 与逻辑量"假"和"真"的 0 与 1 吻合，便于表示和进行逻辑运算。

二进制形式适用于对各种类型数据进行编码。

因此，进入计算机中的各种数据都要进行二进制"编码"的转换。同样，从计算机输出的数据进行逆向的转换称为"解码"，过程如图 3.3.1 所示。

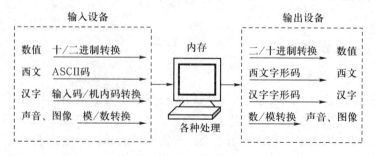

图 3.3.1　各类数据在计算机中的转换过程

3.3.2 数值编码

计算机中的数值计算基本分为两类：整数和实数。数值在计算机中以 0 和 1 的二进制形式存放，那么正负数和浮点数在计算机中如何表示，这是本节要解决的问题。

1. 正负数在计算机中的表示

在计算机中，因为只有"0"和"1"两种形式，为了表示数的正（"+"）、负（"−"）号，就要将数的符号以"0"和"1"编码。通常把一个数的最高位定义为符号位，用"0"表示正，"1"表示负，称为数符；其余位仍表示数值。

例 3.9 一个 8 位二进制数 −0101100，它在计算机中表示为 10101100，如图 3.3.2 所示。

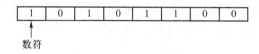

数符

图 3.3.2 机器数例

这种把符号数值化了的数称为"机器数"，而它代表的数值称为此机器数的"真值"。在例 3.9 中，10101100 为机器数，−0101100 为此机器数的真值。

数值在计算机内采用符号数字化后，计算机就可识别和表示数符了。但若将符号位同时和数值参加运算，由于两操作数符号的问题，有时会产生错误的结果；否则要考虑计算结果的符号问题，将增加计算机实现的难度。

例 3.10 （−5）+4 的结果应为 −1。但在计算机中若按照上面讲的符号位同时和数值参加运算，则运算如下：

$$
\begin{array}{r}
10000101 \quad \cdots\cdots\cdots \ \text{−5的机器数} \\
+00000100 \quad \cdots\cdots\cdots \ \text{4的机器数} \\
\hline
10001001 \quad \cdots\cdots\cdots \ \text{运算结果为−9}
\end{array}
$$

若要考虑符号位的处理，则运算变得复杂。为了解决此类问题，在机器数中，符号数有多种编码表示方式，常用的有原码、反码和补码，其实质是对负数表示的不同编码。

为了简单起见，这里只以整数为例，而且假定字长为 8 位。

（1）原码

整数 X 的原码指其数符位 0 表示正，1 表示负；其数值部分就是 X 绝对值的二进制表示。通常用 $[X]_原$ 表示 X 的原码。

例如：

$$[+1]_原 = 00000001 \qquad [+127]_原 = 01111111$$
$$[-1]_原 = 10000001 \qquad [-127]_原 = 11111111$$

由此可知，8 位原码表示的最大值为 $2^7 - 1$，即 127，最小值为 -127，表示数的范围为 $-127 \sim 127$。

当采用原码表示法时，编码简单，与真值转换方便。但原码也存在以下一些问题。

① 在原码表示中，零有两种表示形式，即

$$[+0]_原 = 00000000 \qquad [-0]_原 = 10000000$$

0 的二义性给机器判别带来了麻烦。

② 用原码进行四则运算时，符号位需要单独处理，增加了运算规则的复杂性。如当两个数进行加法运算时，如果两数码符号相同，则数值相加，符号不变；如果两数码符号不同，数值部分实际上是相减，这时，必须比较两个数哪个绝对值大，才能决定运算结果的符号位。所以，不便于运算。

原码的这些不足之处促使人们去寻找更好的编码方法。

（2）反码

整数 X 的反码指对于正数，其与原码相同；对于负数，数符位为 1，其数值位 X 的绝对值取反。通常用 $[X]_反$ 表示 X 的反码。

例如：

$$[+1]_反 = 00000001 \qquad [+127]_反 = 01111111$$
$$[-1]_反 = 11111110 \qquad [-127]_反 = 10000000$$

在反码表示中，0 也有两种表示形式，即

$$[+0]_反 = 00000000 \qquad [-0]_反 = 11111111$$

由此可知，8 位反码表示的最大值、最小值和表示数的范围与原码相同。反码运算也不方便，很少使用，一般是用作求补码的中间码。

（3）补码

整数 X 的补码指对于正数，其与原码、反码相同；对于负数，数符位为 1，其数值位 X 的绝对值取反最右加 1，即为反码加 1。通常用 $[X]_补$ 表示 X 的补码。

例如：

$$[+1]_补 = 00000001 \qquad [+127]_补 = 01111111$$
$$[-1]_补 = 11111111 \qquad [-127]_补 = 10000001$$

在补码表示中，0 有唯一的编码，即

$$[+0]_补 = [-0]_补 = 00000000$$

因而可以用多出来的一个编码 10000000 来扩展补码所能表示的数值范围，即将负数最小的 -127 扩大到 -128。这里的最高位"1"既可看作符号位负数，又可表示为数值位，其值为 -128。这就是补码与原码、反码最小值不同的原因。

利用补码可以方便地进行运算。

例3.11 （-5）+4 的运算如下：

$$
\begin{array}{r}
11111011 \quad \text{……… -5的补码} \\
+\ 00000100 \quad \text{……… 4的补码} \\
\hline
11111111
\end{array}
$$

运算结果补码为 11111111，符号位为 1，即为负数。已知负数的补码，要求其真值，只要将数值位再求一次补就可得其原码 10000001，再转换为十进制数，即为 -1，运算结果正确。

同样 （-9）+（-5）的运算如下：

$$
\begin{array}{r}
11110111 \quad \text{……… -9的补码} \\
+\ 11111011 \quad \text{……… -5的补码} \\
\hline
\boxed{1}11110010
\end{array}
$$

丢弃高位 1，运算结果机器数为 11110010，与例 3.11 求法相同，获得 -14 的运算结果。

由此可见，利用补码可方便地实现正、负数的加法运算，规则简单，在数的有效存放范围内，符号位如同数值一样参加运算，也允许产生最高位的进位（被丢弃），所以使用较广泛。

当然，当运算的结果超出该类型表示的范围时，会产生不正确的结果，实质是"溢出"。

例3.12 计算 60 + 70 的运算结果。

$$
\begin{array}{r}
00111100 \quad \text{……… 60的补码} \\
+\ 01000110 \quad \text{……… 70的补码} \\
\hline
10000010
\end{array}
$$

两个正整数相加，从结果的符号位可知是一个负数，原因是结果超出了该数有效存放范围（一个有符号的整数若占 8 个二进制位，最大值为 127，超出该值称为"溢出"）。当要存放很大或很小的数时，采用指数形式存放。

2. 浮点数在计算机中的表示

解决了数值的符号表示和计算问题，接着解决数值的小数点存放问题。数值在计算机中存放时小数点是不占位置的，用隐含规定小数所在的位置来表示，分别为定点整数、定点小数和两者结合成为浮点数三种形式。

（1）定点整数

定点整数指小数点隐含固定在机器数的最右边，如图 3.3.3 所示，定点整数是纯整数。

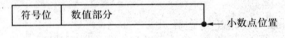

图 3.3.3 定点整数的表示

（2）定点小数

定点小数约定小数点位置在符号位、有效数值部分之间，如图 3.3.4 所示。定点小数是纯小数，即所有数绝对值均小于 1。

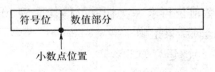

图 3.3.4 定点小数的表示

（3）浮点数

定点数表示的数值范围在实际应用中是不够用的，尤其在科学计算中。为了能表示特大或特小的数，采用"浮点数"或称"指数形式"表示。

浮点数由阶码和尾数两部分组成：阶码用定点整数来表示，阶码所占的位数确定了数的范围；尾数用定点小数表示，尾数所占的位数确定了数的精度。由此可见，浮点数是定点整数和定点小数的结合。

为了唯一地表示浮点数在计算机中的存放，对尾数采用了规格化的处理，即规定尾数的最高位为 1，通过阶码进行调整，这也是浮点数的来历。

在程序设计语言中，最常见的有如下两种类型浮点数。

① 单精度（float 或 single）浮点数占 4 个字节，阶码部分占 7 位，尾数部分占 23 位，阶符和数符各占 1 位，如图 3.3.5 所示。

② 双精度（double）浮点数占 64 位，阶码部分占 10 位，尾数部分占 52 位，阶符和数符各占 1 位。与单精度浮点数的区别在于，双精度浮点数占用的内存空间大了，这如同宾馆的单人房和双人房的区别。双精度浮点数类型使得表示数的精度、范围更大。

例 3.13 26.5 作为单精度浮点数在计算机的表示。

规格化表示：$26.5 = 11010.1 = +0.110101 \times 2^5$

因此，在计算机中的存储如图 3.3.5 所示。

注意：为了统一浮点数的存储格式，IEEE 在 1985 年制定了 IEEE 754 标准。在此不再介绍，可参阅相关资料。

1位	7位	1位	23位
0	0000101	0	11010100000000000000000
阶符	阶码	数符	尾数

图 3.3.5　26.5 作为单精度浮点数的存储

3.3.3　字符编码

这里的字符包括了西文字符（英文字母、数字、各种符号）和中文字符，即所有不可进行算术运算的数据。由于计算机中的数据都是以二进制的形式存储和处理的，因此字符也必须按特定的规则进行二进制编码才能进入计算机。字符编码的方法很简单，首先确定需要编码的字符总数，然后将每一个字符按顺序确定编号，编号值的大小无意义，仅作为识别与使用这些字符的依据。字符形式的多少涉及编码的位数。

1. 西文字符编码

对西文字符编码最常用的是 ASCII 字符编码（American Standard Code for Information Interchange，美国信息交换标准代码）。ASCII 是用 7 位二进制编码，它可以表示 2^7 即 128 个字符，如表 3.3.1 所示。每个字符用 7 位基 2 码表示，其排列次序为 $d_6 d_5 d_4 d_3 d_2 d_1 d_0$，$d_6$ 为高位，d_0 为低位。

表 3.3.1　7 位 ASCII 码表

$d_3 d_2 d_1 d_0$ \ $d_6 d_5 d_4$		000	001	010	011	100	101	110	111
		0	1	2	3	4	5	6	7
0000	0	NUL	DLE	SP	0	@	P	、	p
0001	1	SOH	DC1	!	1	A	Q	a	q
0010	2	STX	DC2	"	2	B	R	b	r
0011	3	ETX	DC3	#	3	C	S	c	s
0100	4	EOT	DC4	$	4	D	T	d	t
0101	5	ENQ	NAK	%	5	E	U	e	u
0110	6	ACK	SYN	&	6	F	V	f	v
0111	7	BEL	ETB	'	7	G	W	g	w
1000	8	BS	CAN	(	8	H	X	h	x

续表

$d_6 d_5 d_4$		000	001	010	011	100	101	110	111
$d_3 d_2 d_1 d_0$		0	1	2	3	4	5	6	7
1001	9	HT	EM	)	9	I	Y	i	y
1010	A	LF	SUB	*	:	J	Z	j	z
1011	B	VT	ESC	+	;	K	[	k	{
1100	C	FF	FS	,	<	L	\	l	|
1101	D	CR	GS	−	=	M	]	m	}
1110	E	SO	RS	.	>	N	↑	n	~
1111	F	SI	US	/	?	O	↓	o	DEL

在 ASCII 码表中看出，十进制码值 0～32 和 127（即 NUL～SP 和 DEL）共 34 个字符称为非图形字符（又称为控制字符）；其余 94 个字符称为图形字符（又称为普通字符）。在这些字符中，从 "0"～"9"、"A"～"Z"、"a"～"z" 都是顺序排列的，且小写比大写字母码值大 32，即位值 d_5 为 1（小写字母）、0（为大写字母），这有利于大、小写字母之间的编码转换。

例 3.14 记住下列一些特殊的字符编码及其相互关系。

"a" 字母的编码值为 1100001，对应的十进制、十六进制数分别是 97 和 61H。

"A" 字母的编码为 1000001，对应的十进制、十六进制数分别是 65 和 41H。

"0" 数字字符的编码为 0110000，对应的十进制、十六进制数分别是 48 和 30H。

" " 空格字符的编码为 0100000，对应的十进制、十六进制数分别是 32 和 20H。

注：H 表示十六进制。

计算机的内部存储与操作常以字节为单位，即以 8 个二进制位为单位。因此，一个字符在计算机内实际是用 8 位表示的。正常情况下，最高位 d_7 为 "0"。在需要奇偶校验时，这一位可用于存放奇偶校验的值，此时称这一位为校验位。

西文字符除了常用的 ASCII 码外，还有另一种 EBCDIC（Extended Binary Coded Decimal Interchange Code，扩展的二—十进制交换码），这种字符编码主要用在大型机器中。EBCDIC 采用 8 位基 2 码表示，有 256 个编码状态，但只选用其中一部分。

在了解了数值和西文字符编码在计算机内的表示后，读者可能会产生一个问题：两者在计算机内都是二进制数，如何区分数值和字符呢？例如，内存中有一个字节的内容是65，它究竟表示数值65，还是表示字母A。面对一个孤立的字节，确实无法区分，但存储和使用这个数据的软件会以其他方式保存有关类型的信息，指明这个数据是何种类型。

2. 汉字字符编码

由于汉字集大，要在计算机中处理汉字，比处理西文字符复杂，需要解决汉字的输入输出以及汉字的处理等如下问题。

① 键盘上无汉字，不能直接利用键盘输入，需要输入码来对应。

② 汉字在计算机内的存储需要机内码来表示，以便存储、处理和传输。

③ 汉字量大、字形变化复杂，需要用对应的字库来存储。

由于汉字具有特殊性，计算机在处理汉字时，汉字的输入、存储、处理和输出过程中所使用的汉字编码不同，之间要进行相互转换，其过程如图3.3.6所示。

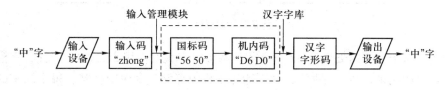

图3.3.6　汉字信息处理系统的模型

（1）汉字输入码

汉字的输入码就是利用键盘输入汉字时对汉字的编码。目前常用的输入码主要分为以下两类。

① 音码类。主要是以汉语拼音为基础的编码方案，如全拼码、智能ABC等。

② 形码类。根据汉字的字形进行的编码，如五笔字型法、表形码等。

当然还有根据音形结合的编码，如自然码等。不论哪种输入法，都是操作者向计算机输入汉字的手段，而在计算机内部都是以汉字机内码表示的。

（2）汉字字形码

汉字字形码又称汉字字模，用于汉字在显示屏或打印机输出。汉字字形码通常有点阵和矢量两种表示方式。

用点阵表示字形时，汉字字形码指的就是这个汉字字形点阵的代码。根据输出汉字的要求不同，点阵的多少也不同。简易型汉字为 16×16 点阵，提高型汉字为 24×24 点阵、32×32 点阵、48×48 点阵，等等。图3.3.7显示了"大"字的 16×16 字形点阵及代码。

点阵规模越大，字形越清晰美观，所占存储空间也越大。以 16×16 点阵

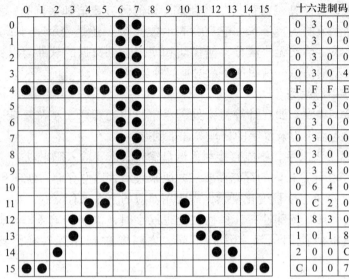

图 3.3.7 字形点阵及代码

为例，每个汉字就要占用 32 个字节，两级汉字大约占用 256 KB。因此，字模点阵只能用来构成"字库"，而不能用于机内存储。字库中存储了每个汉字的点阵代码，当显示输出时才检索字库，输出字模点阵得到字形。

矢量方式存储的是描述汉字字形的轮廓特征，当要输出汉字时，通过计算机的计算，由汉字字形描述生成所需大小和形状的汉字。矢量化字形描述与最终文字显示的大小、分辨率无关，因此可产生高质量的汉字输出。

点阵和矢量方式的区别在于，前者编码、存储方式简单，无须转换直接输出，但字形放大后产生的效果差；后者正好与前者相反。图 3.3.8 分别显示了矢量字和点阵字两种方式。

brown **brown**

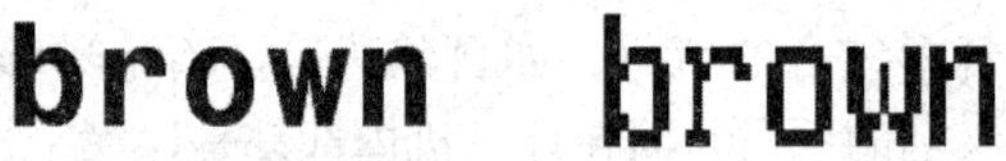

(a) 矢量字   (b) 点阵字

图 3.3.8 矢量字和点阵字两种方式

（3）汉字机内码

西文字符不多，用 7 个二进制位编码可以表示了。而汉字的总数以及相关的文字符号有多少，这个问题没有统一的答案，著名的《康熙字典》收录了近五万个汉字，不过人们常用的汉字为四五千个。因此，汉字字符集至少要用两个字节进行编码。原理上两个字节可以表示 $256 \times 256 = 65\,536$ 种不同的符号。典型的汉字编码有 GB2312，Unicode 编码以及台湾、香港地区的 Big5 繁体汉字的编码。

① 国标码和机内码。国标码是我国 1980 年发布的《信息交换用汉字编码字符集——基本集》（GB 2312—1980），是中文信息处理的国家标准，也称汉字交换码，简称 GB 码。考虑到与 ASCII 码的关系，国标码使用了每个字节的低 7 位。这个方案最多可容纳 $128 \times 128 = 16\,384$ 个汉字集字符。根据统计，把最常用的 6763 个汉字分成两级：一级汉字有 3755 个；二级汉字有 3008 个。每个汉字用两个字节表示，每个字节的编码取值范围从 33～126（与 ASCII 码中可打印字符的取值范围一致，共 94 个）。因此，可以表示的不同字符数为 $94 \times 94 = 8\,836$ 个。例如，"中"的国标码为 56 50H。

一个国标码占两个字节，每个字节最高位仍为"0"；英文字符的机内代码是 7 位 ASCII 码，最高位也为"0"，这样就给计算机内部处理带来问题，为了区分两者是汉字编码还是 ASCII 码，引入了汉字机内码（机器内部编码）。

例 3.15 汉字"中"的国标码和机内码表示如图 3.3.9 所示，区别是每个字节的最高位由"0"变为"1"。

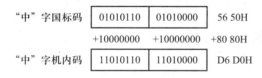

图 3.3.9 国标码和机内码的关系

② Unicode 字符集编码。随着 Internet 的发展，需要满足跨语言、跨平台进行文本转换和处理的要求，还要与 ASCII 码兼容，为此，Unicode 诞生了。Unicode 编码系统分为编码方式和实现方式两个层次。

● Unicode 编码方式与 ISO 10646 的通用字符集（Universal Character Set，UCS）概念相对应，目前实用的 Unicode 版本对应于 UCS – 2，使用 16 位的编码空间。也就是每个字符占用两个字节，最多可表示 65 536 个字符，基本可以满足各种语言的使用，而且每个字符都占用等长的两个字节，处理方便，但和 ASCII 码不兼容。

● Unicode 实现方式称为 Unicode 转换格式（Unicode Translation Format，UTF）。一个字符的 Unicode 编码是确定的，但是在实际传输过程中，由于不同系统平台的设计不一定一致，以及出于节省空间的考虑，对 Unicode 的实现方式即转换格式分为 3 种：UTF—8、UTF—16 和 UTF—32。

UTF—8 是以字节为单位对 Unicode 编码，用一个或几个字节来表示一个字符，是一种变长编码，这种方式的最大好处是保留了 ASCII 码作为它的一部分。UTF—16 和 UTF—32 分别是 Unicode 的 16 位和 32 位编码方式。

例 3.16 在记事本程序中查看可选择的编码。

实现方法：在"记事本"应用程序中打开"保存"对话框，单击下方的"编码"列表框，显示可使用的编码方案，如图 3.3.10 所示。

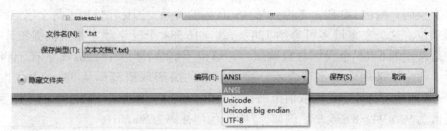

图 3.3.10 记事本中的编码

当收到的邮件或浏览器显示乱码时，主要是因为使用了与系统不同的汉字内码。解决的方法有以下两种。

① 查看网上信息。选择"查看"│"编码"命令进行编码的选择。

② 编写网页。在 HTML 网页文件中指定字符集。

3.3.4 音频编码

1. 基本概念

声音是空气中分子振动产生的波，这种波传到人们的耳朵，引起耳膜振动，这就是人们听到的声音。由物理学可知，复杂的声波由许多具有不同振幅和频率的正弦波组成。声波在时间上和幅度上都是连续变化的模拟信号，可用模拟波形来表示，如图 3.3.11 所示。

波形相对基线的最大位移称为振幅 A，反映音量；波形中两个相邻的波峰（或波谷）之间的距离称为振动周期 T，周期的倒数 $1/T$ 即为频率 f，以赫兹（Hz）为单位。周期和

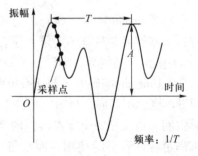

图 3.3.11 声音的波形表示

频率反映了声音的音调。正常人所能听到的声音频率范围为 20 Hz ~ 20 kHz。

2. 声音的数字化

若要用计算机对声音处理，就要将模拟信号转换成数字信号，这一转换过程称为模拟音频的数字化。数字化过程涉及声音的采样、量化和编码，其过程如图 3.3.12 所示。

采样和量化的过程可由 A/D（模/数）转换器实现。A/D 转换器以固定的频率去采样，即每个周期测量和量化信号一次。经采样和量化的声音信号再

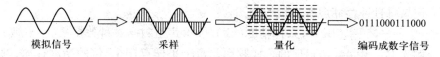

模拟信号　　　　　采样　　　　　量化　　　　编码成数字信号

图 3.3.12　模拟音频的数字化过程

经编码后就成为数字音频信号，以数字声波文件形式保存在计算机的存储介质中。若要将数字声音输出，必须通过 D/A（数/模）转换器将数字信号转换成原始的模拟信号。

（1）采样

采样是每隔一定时间间隔对声音波形上取一个幅度值，把时间上的连续信号变成时间上的离散信号。该时间间隔称为采样周期，其倒数为采样频率。

采样频率即每秒钟的采样次数，如 44.1 kHz 表示将 1 秒钟的声音用 44 100 个采样点数据表示，采样频率越高，数字化音频的质量越高，但数据量越大。市场上的非专业声卡的最高采样频率为 48 kHz，专业声卡可达 96 kHz 或更大。根据 Harry Nyquist 采样定律，采样频率高于输入的声音信号中最高频率的两倍就可从采样中恢复原始波形。这就是在实际采样中，采取 44.1 kHz 作为高质量声音的采样标准的原因。

（2）量化

量化是将每个采样点得到的幅度值以数字存储。量化位数（也即采样精度）表示存放采样点振幅值的二进制位数，它决定了模拟信号数字化以后的动态范围。通常量化位数有 8 位、16 位和 32 位等，分别表示有 2^8、2^{16} 和 2^{32} 个等级。

在相同的采样频率下，量化位数越大，则采样精度越高，声音的质量也越好，当然信息的存储量也相应越大。

（3）编码

编码是将采样和量化后的数字数据以一定的格式记录下来。编码的方式很多，常用的编码方式是脉冲编码调制（Pulse Code Modulation，PCM），其主要优点是抗干扰能力强、失真小、传输特性稳定，但编码后的数据量比较大。CD—DA 采用的就是这种编码方式。

3. 数字音频的技术指标

数字化音频的质量由 3 项指标组成：采样频率、量化位数（即采样精度）和声道数。前两项已在前面描述过，这里主要介绍声道数。

声音是有方向的，而且通过反射产生特殊的效果。当声音到达左右两耳的相对时差和不同的方向感觉不同的强度，就产生立体声的效果。

声道数是指声音通道的个数。单声道只记录和产生一个波形；双声道产生两个波形，也即立体声，存储空间是单声道的两倍。

记录每秒钟存储声音容量的公式为：

$$采样频率(Hz) \times 采样精度(bit) \div 8 \times 声道数 = 每秒数据量(字节数)$$

例3.17 用44.10 kHz 的采样频率，每个采样点用16 位的精度存储，则录制1 秒钟的立体声（双声道）节目，其 WAV 文件所需的存储量为：

$$44\,100 \times 16 \div 8 \times 2 = 176.4\,KBps$$

在声音质量要求不高时，降低采样频率、降低采样精度的位数或利用单声道来录制声音，可减小声音文件的容量。

4. 数字音频的文件格式

数字音频信息在计算机中是以文件的形式保存的，相同的音频信息可以有不同的存放格式。常见存储音频信息的文件格式主要有以下几类。

（1）WAV（wav）文件

WAV 是 Microsoft 公司采用的波形声音文件存储格式，主要由外部音源（话筒、录音机）录制后，经声卡转换成数字化信息，以扩展名 wav 存储；播放时还原成模拟信号，由扬声器输出。WAV 文件直接记录了真实声音的二进制采样数据，通常文件较大，多用于存储简短的声音片断。

（2）MIDI（mid）文件

MIDI 是乐器数字接口（Musical Instrument Digital Interface）的英文缩写，是为了把电子乐器与计算机相连而制定的一个规范，是数字音乐的国际标准。

与 WAV 文件不同的是，MIDI 文件存放的不是声音采样信息，而是将乐器弹奏的每个音符都记录为一连串的数字，然后由声卡上的合成器根据这些数字代表的含义进行合成后由扬声器播放声音。相对于保存真实采样数据的 WAV 文件，MIDI 文件显得更加紧凑，其文件大小通常比波形声音文件小得多。同样10 分钟的立体声音乐，MIDI 文件不到70 KB，而 WAV 文件要100 MB 左右。

在多媒体应用中，一般 WAV 文件存放的是解说词，MIDI 文件存放的是背景音乐。

CD 存储格式是一个数字音频编码压缩格式。理论上讲，它有点像 MIDI 格式，它只是一些命令串。它以音质好、容量小而被广泛应用。

（3）MP3 文件

MP3 格式是采用 MPEG 音频压缩标准进行压缩的文件。MPEG 是一种标准，全称为 Moving Pictures Expert Group，即移动图像专家组，是比较流行的一种音频、视频多媒体文件标准，MPEG－1 支持的格式主要有 MP3（全称 MPEG1－Layer3），它以高音质、低采样率、压缩比高、音质接近 CD、制作简单、便于交换等优点，非常适合在网上传播，是目前使用最多的音频格式文件。

上述的 WAV 和 MIDI 格式文件均可以压缩成 MPEG 格式文件。

（4）RA（ra）文件

RA（Real Audio）是 Real Network 公司制定的音频压缩规范，有较高的压缩比，采用流媒体的方式在网上实时播放。

（5）WMA（wma）文件

WMA（Windows Media Audio）是微软公司新一代的 Windows 平台音频标准，压缩比高，音质强于 MP3 和 RA 格式，适合网络实时播放。

3.3.5 图形和图像编码

1. 基本概念

在计算机中，图形（Graphics）与图像（Image）是一对既有联系又有区别的概念。它们都是一幅图，但图的产生、处理、存储方式不同。

图形一般是指通过绘图软件绘制的由直线、圆、圆弧、任意曲线等图元组成的画面，以矢量图形文件形式存储。矢量图文件中存储的是一组描述各个图元的大小、位置、形状、颜色、维数等属性的指令集合，通过相应的绘图软件读取这些指令可将其转换为输出设备上显示的图形。因此，矢量图文件的最大优点是对图形中的各个图元进行缩放、移动、旋转而不失真，而且它占用的存储空间小。

图像是由扫描仪、数字照相机、摄像机等输入设备捕捉的真实场景画面产生的映象，数字化后以位图形式存储。位图文件中存储的是构成图像的每个像素点的亮度、颜色，位图文件的大小与分辨率和色彩的颜色种类有关，放大、缩小要失真，占用的空间比矢量文件大。

图 3.3.13 显示了原始矢量图与位图分别放大后的差别。矢量图形与位图图像可以转换，要将矢量图形转换成位图图像，只要在保持图形时，将其保存格式设置为位图图像格式就可；但反之则较困难，要借助其他软件来实现。

(a) 原始矢量图   (b) 位图

图 3.3.13　矢量图与位图的差别

2. 图像的数字化

图形是用计算机绘图软件生成的矢量图形,矢量图形文件存储的是描述生成图形的指令,因此不必对图形中每一点进行数字化处理。

现实中的图像是一种模拟信号。图像的数字化是指将一幅真实的图像转变成为计算机能够接受的数字形式,这涉及对图像的采样、量化以及编码等。

(1) 采样

采样就是将二维空间上连续的图像转换成离散点的过程,采样的实质就是用多少个像素(Pixels)点来描述这一幅图像,称为图像的分辨率,用"列数×行数"表示,分辨率越高,图像越清晰,存储量也越大。图 3.3.14(b)是将图 3.3.14(a)中的图像以 48×48 个像素点表示。

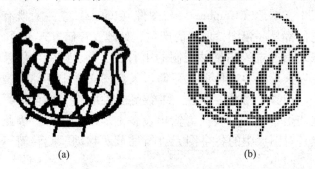

(a)   (b)

图 3.3.14 图像采样和分辨率示意图

(2) 量化

量化则是在图像离散化后,将表示图像色彩浓淡的连续变化值离化为整数值的过程。把量化时所确定的整数值取值个数称为量化级数,表示量化的色彩值(或亮度)所需的二进制位数称为量化字长。一般可用 8 位、16 位、24 位、32 位等来表示图像的颜色,24 位可以表示 $2^{24}=16\,777\,216$ 种颜色,称为真彩色。

在多媒体计算机中,图像的色彩值称为图像的颜色深度,有多种表示色彩的方式。

① 黑白图。图像的颜色深度为 1,则用一个二进制位 1 和 0 表示纯白、纯黑两种情况。

② 灰度图。图像的颜色深度为 8,占一个字节,灰度级别为 256 级。通过调整黑白两色的程度(称颜色灰度)来有效地显示单色图像。

③ RGB。24 位真彩色图像显示时,由红、绿、蓝三基色通过不同的强度混合而成,当强度分成 256 级(值为 0~255),占 24 位,就构成了 $2^{24}=16\,777\,216$ 种颜色的"真彩色"图像。

例 3.18 利用"画图"程序,验证不同色彩(单色、256 色和 24 位位图）下保存同样一幅图像的容量。

将一幅图像在"画图"程序中选择"另存为"命令，打开"保存类型"
列表框，如图3.3.15所示，选择保存的颜色位图，查看保存后对应文件类型
大小。

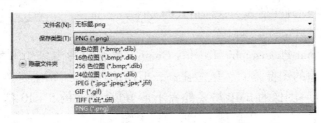

图3.3.15 "文件类型"列表框

（3）编码

将采样和量化后的数字数据转换成用二进制数码0和1表示的形式。

图像的分辨率和像素位的颜色深度决定了图像文件的大小，计算公式为：

列数×行数×颜色深度÷8 = 图像字节数

例3.19 要表示一个分辨率为1 280×1 024的"24位真彩色"图像，则
图像文件大小为：

1 280×1 024×24÷8≈4 MB

由此可见，数字化后的图像数据量十分巨大，必须采用编码技术来压缩
信息。它是图像传输与存储的关键。

3. 图形图像文件格式

在图形图像处理中，可用于图形图像文件存储的格式非常多，现分类列
出常用的文件格式。

（1）BMP（bmp）文件

BMP（Bitmap位图）是一种与设备无关的图像文件格式，是Windows环
境中经常使用的一种位图格式。这种格式的特点是包含的图像信息较丰富，
几乎不进行压缩，但由此导致了它占用磁盘空间过大的缺点。目前BMP文件
在单机上比较流行。

（2）GIF（gif）文件

GIF（Graphics Interchange Format，图形交换格式）是美国联机服务商
CompuServe针对当时网络传输带宽的限制，开发出了这种GIF图像格式。GIF
格式的特点是压缩比高，磁盘空间占用较少，但不能存储超过256色的图像，
是Internet上WWW中的重要文件格式之一。

最初的GIF只是简单地用来存储单幅静止图像（称为GIF87a），后来随
着技术发展，可以同时存储若干幅静止图像进而形成连续的动画（称为

GIF89a），而在 GIF89a 图像中可指定透明区域。考虑到网络传输中的实际情况，GIF 图像格式还增加了渐显方式，也就是说，在图像传输过程中，用户可以先看到图像的大致轮廓，然后随着传输过程的继续而逐步看清图像中的细节部分，从而适应了用户的"从朦胧到清楚"的观赏心理。目前 Internet 上大量采用的彩色动画文件多为这种格式的文件。

（3）JPEG（jpg）文件

JPEG（Joint Photographic Experts Group，联合照片专家组开发）是利用 JPEG 方法压缩的图像格式，压缩比高，但压缩/解压缩算法复杂，存储和显示速度慢。同一图像的 BMP 格式的大小是 JPEG 格式的 5～10 倍；而 GIF 格式最多只能是 256 色，因此载入 256 色以上图像的、适用于处理大幅面图像，JPEG 格式成了 Internet 中最受欢迎的图像格式。

JPEG 2000 格式是 JPEG 的升级版，其压缩率比 JPEG 高约 30%。与 JPEG 不同的是，JPEG 2000 同时支持有损和无损压缩，而 JPEG 只能支持有损压缩。无损压缩对保存一些重要图片是十分有用的。

（4）WMF（wmf）文件

WMF（Windows Metafile Format）是 Windows 中常见的一种图元文件格式，它具有文件短小、图案造型化的特点，整个图形常由各个独立的组成部分拼接而成，但其图形往往较粗糙。Windows 中许多剪贴画图像是以该格式存储的，WMF 文件广泛应用于桌面出版印刷领域。

（5）PNG（png）文件

PNG（Portable Network Graphics，移植的网络图像文件格式）是流式图像文件。主要优点是压缩比高，并且是无损压缩，适合在网络中传播；支持 Alpha 通道透明图像制作，可以使图像与网页背景和谐融为一体。缺点主要是不支持动画功能。

3.3.6 视频编码

1. 基本概念

视频是由一系列的静态图像按一定的顺序排列组成的，每一幅图像称为帧（Frame）。电影、电视通过快速播放每帧画面，再加上人眼视觉效应便产生了连续运动的效果。当帧速率达到每秒显示 12 帧（12fps）以上时，可以显示比较连续的视频图像。伴随着视频图像还配有同步的声音，所以，视频信息需要巨大的存储容量。

视频有模拟视频和数字视频两类。早期的电视等视频信号的记录、存储和传输都是采用模拟方式；现在出现的 VCD、DVD、数字式便携摄像机都是数字视频。

在模拟视频中，世界上有两种视频标准：NTSC 制式（每秒 30 帧，每帧 525 行）和 PAL 制式（每秒 25 帧，每帧 625 行），我国采用 PAL 制式。

2. 视频信息的数字化

由于上述两种视频标准的信号都是模拟量，而计算机处理和显示这类视频信号必须进行视频数字化。数字视频具有适合于网络使用、可以不失真地无限次复制、便于计算机创造性编辑处理等优点，得到广泛应用。

视频数字化过程同音频数字化相似，在一定的时间内以一定的速度对单帧视频信号进行采样、量化、编码等过程，实现模/数转换、彩色空间变换和编码压缩等，这通过视频捕捉卡和相应的软件来实现。

在数字化后，如果视频信号不加以压缩，数据量的大小是帧乘以每幅图像的数据量。例如，要在计算机连续显示分辨率为 1 280 × 1 024 的 "24 位真彩色" 高质量的电视图像，按每秒 30 帧计算，显示 1 分钟，则需要的文件大小为：

$$1\ 280(列) \times 1\ 024(行) \times 3(字节) \times 30(帧/s) \times 60\ s \approx 6.6\ GB$$

一张 650 MB 的光盘只能存放 6 s 左右的电视图像，这就带来了图像数据的压缩问题，也成为多媒体技术中一个重要的研究课题。另外，可通过压缩、降低帧速、缩小画面尺寸等来降低数据量。

3. 视频文件格式

视频文件可以分成两大类：一类是影像文件，比如常见的 VCD 便是一例。另一类是流媒体文件，这是随着 Internet 的发展而诞生的后起视频之秀，比如说在线实况转播，就是构架在流式视频技术之上的。

（1）影像视频文件

日常生活中接触较多的 VCD、多媒体 CD 光盘中的动画都是影像文件。影像文件不仅包含了大量图像信息，同时还容纳大量音频信息。影视视频文件主要有以下几种类型。

① AVI（avi）文件。AVI（Audio—Video Interleaved，音频—视频交错）格式文件将视频与音频信息交错地保存在一个文件中，较好地解决了音频与视频的同步问题，是 Video for Windows 视频应用程序使用的格式，目前已成为 Windows 视频标准格式文件。该文件数据量较大，要压缩。

AVI 格式文件一般用于保存电影、电视等各种影像信息，有时它出现在 Internet 中，主要用于让用户欣赏新影片的精彩片段。

② MOV（mov）文件。MOV（Movie）是 Apple 公司在 QuickTime for Windows 视频应用程序中使用的视频文件。原在 Macintosh 系统中运行，现已移植到 Windows 平台。利用它可以合成视频、音频、动画、静止图像等多种素材。该文件数据量较大，要压缩。

③ MPEG（mpg）文件。按照 MPEG 标准压缩的全屏视频的标准文件。目前很多视频处理软件都支持这种格式的文件。

④ DAT（dat）文件。DAT 是 VCD 专用的格式文件，文件结构与 MPEG 文件格式基本相同。

（2）流媒体文件

在 Internet 上所传输的多媒体格式中，基本上只有文本、图形可以照原格式在网上传输。动画、音频、视频这 3 种类型的媒体一般采用流式技术来进行处理，以便于在网上传输。由于不同的公司发展的文件格式不同，传送的方式也有所差异，到目前为止，Internet 上使用较多的流媒体格式主要有 RealNetworks 公司的 RealMedia、Apple 公司的 QuickTime 和 Microsoft 公司的 Windows Media。

此外，MPEG、AVI、DVI、SWF 等都是适用于流媒体技术的文件格式。

3.4 数据压缩技术简介

1. 数据压缩的重要性和可能性

从前几节多媒体数据的表示中可以看到，数据量大是多媒体的一个基本特性。例如，一幅具有中等分辨率（640×480）的 24 位真彩色数字视频图像的数据量大约在 1 MB/帧，如果每秒播放 25 帧图像，将需要 25 MB 的硬盘空间。对于音频信号，若取样频率采用 44.1 kHz，每个采样点量化为 16 位二进制数，1 分钟的录音产生的文件将占用 10 MB 的硬盘空间。由此可见，若不进行压缩处理，计算机系统几乎无法对它们进行存储和交换处理。

另一方面，图像、声音的压缩潜力很大。例如在视频图像中，各帧图像之间有着相同的部分，因此数据的冗余度很大，压缩时原则上可以只存储相邻帧之间的差异部分。

数据压缩是通过编码的技术来降低数据存储时所需的空间，等到人们需要使用时，再进行解压缩。根据对压缩后的数据经解压缩后是否能准确地恢复压缩前的数据来分类，可将其分成无损压缩和有损压缩两类。

衡量数据压缩技术的好坏有以下 4 个重要的指标。

① 压缩比。压缩前后所需的信息存储之比要大。

② 恢复效果。要尽可能恢复到原始数据。

③ 速度。压缩、解压缩的速度，尤其解压缩速度更为重要，因为解压缩是实时的。

④ 实现压缩的软、硬件开销要小。

2. 无损压缩

无损压缩方法是统计被压缩数据中重复数据的出现次数来进行编码的。无损压缩由于能确保解压后的数据不失真，一般用于文本数据、程序以及重要图片和图像的压缩。无损压缩比一般为 2:1 到 5:1，因此不适合实时处理图像、视频和音频数据。典型的无损压缩软件是 WinZip、WinRAR 软件等。

3. 有损压缩

有损压缩方法是以牺牲某些信息（这部分信息基本不影响对原始数据的理解）为代价，换取了较高的压缩比。有损压缩具有不可恢复性，也就是还原后的数据与原始数据存在差异。一般用于图像、视频和音频数据的压缩，压缩比高达几十到几百。

例如，在位图图像存储形式的数据中，像素与像素之间无论是列方向或行方向都具有很大的相关性，因此数据的冗余度很大，在允许一定限度的失真下，能够对图像进行大量的压缩。这里所说的失真，是指在人的视觉、听觉允许的误差范围内。

由于多媒体信息的广泛应用，为了便于信息的交流、共享，对于视频和音频数据的压缩有专门的组织制定压缩编码的国际标准和规范，主要有 JPEG 静态和 MPEG 动态图像压缩的工业标准两种类型。

例 3.20　利用"画图"程序，将获取的屏幕界面以不压缩的位图 BMP 文件保存，再以 JPEG 方式压缩成扩展名为 jpg 文件，比较它们的压缩比。

在 Windows 的"画图"程序保存了 Windows "桌面"屏幕界面，以扩展名为 bmp 文件（没有压缩）保存的文件大小为 2 305 KB，若以 JPEG 方式压缩成以扩展名为 jpg 文件保存，则文件大小为 108 KB，压缩比约为 21:1，如图 3.4.1 所示。

图 3.4.1　图像压缩效果对比

思　考　题

1. 简述计算机内二进制编码的优点。

2. 进行下列数的数制转换。

(1) $(213)_D = ($　　　　$)_B = ($　　　　$)_H = ($　　　　$)_O$

(2) $(69.625)_D = ($　　　　$)_B = ($　　　　$)_H = ($　　　　$)_O$

（3）$(127)_D = ($ $)_B = ($ $)_H = ($ $)_O$

（4）$(3E1)_H = ($ $)_B = ($ $)_D$

（5）$(10A)_H = ($ $)_O = ($ $)_D$

（6）$(670)_O = ($ $)_B = ($ $)_D$

（7）$(10110101101011)_B = ($ $)_H = ($ $)_O = ($ $)_D$

（8）$(11111111000011)_B = ($ $)_H = ($ $)_O = ($ $)_D$

3. 给定一个二进制数，怎样能够快速地判断出其十进制等值数是奇数还是偶数？

4. 浮点数在计算机中是如何表示的？

5. 假定某台计算机的机器数占 8 位，试写出十进制数 -67 的原码、反码和补码。

6. 如果 n 位能够表示 2^n 个不同的数，为什么最大的无符号数是 $2^n - 1$ 而不是 2^n？

7. 如果一个有符号数占有 n 位，那么它的最大值是多少？

8. 什么是 ASCII 码？查找 "D"、"d"、"3" 和空格的 ASCII 码值。

9. 已知 "学校" 汉字的机内码为 D1A7 和 D0A3，请问它们的国标码是什么？如何验证其正确性？

10. 简述声音数字化的过程。

11. 数字音频的技术指标主要是哪 3 项？

12. 简述 WAV 文件与 MIDI 文件的区别。

13. 简述矢量图文件与位图图像文件的区别。

14. 简述图像数字化的过程。

15. 利用 "画图" 程序，观察 BMP 与 JPG 文件的大小。

16. 简述流媒体技术的特点，常见的流媒体格式有哪几种？

17. 数据压缩技术分哪两类？

18. 衡量压缩技术好坏的标准有哪 4 个？

第4章 操作系统基础

操作系统是最重要的系统软件。无论计算机技术如何纷繁多变，为计算机系统提供基础支撑始终是操作系统永恒的主题。纵使计算机技术经历了几十年的发展，操作系统始终是其华美乐章中多彩的主旋律。

电子教案：
操作系统基础

4.1 操作系统概述

4.1.1 引言

计算机发展到今天，从微型计算机到智能手机、高性能计算机，无一例外都配置了操作系统。计算机为什么要配置操作系统呢？

分析一个在生活中经常会遇到的问题：出门坐公交车，在天气、道路等正常的情况下，公交车长时间不来，或者一来就是很多辆。造成这种情况的责任是谁呢？显然这是调度员的责任。调度员的职责应该是合理地调度车辆，并且确保：

① 乘客等待时间最短；

② 车辆载客量最多。

从计算机技术的角度来说，造成这一问题的原因是调度员没有像操作系统那样去调度车辆资源。计算机配置操作系统的目的也是让操作系统去管理和调度资源。

早期的计算机没有操作系统，计算机的运行要在人工干预下才能进行，程序员兼职操作员，效率非常低下。为了使计算机系统中所有软、硬件资源协调一致，有条不紊地工作，就必须有一个软件来进行统一的管理和调度，这种软件就是操作系统。因此，操作系统是管理和控制计算机中所有软、硬件资源的一组程序。现代计算机系统绝对不能没有操作系统，正如人不能没有大脑一样，而且操作系统的性能很大程度上直接决定了整个计算机系统的性能。

操作系统直接运行在裸机之上，是对计算机硬件系统的第一次扩充。在操作系统的支持下，计算机才能运行其他的软件。从用户的角度看，操作系统加上计算机硬件系统形成一台虚拟机（通常广义上的计算机），它为用户构成了一个方便、有效、友好的使用环境。因此可以说，操作系统是计算机硬件与其他软件的接口，也是用户和计算机的接口，如图4.1.1所示。

一般而言，引入操作系统有以下两个目的：

① 操作系统将裸机改造成一台虚拟机，使用户能够无须了解许多有关硬件和软件的细节就能使用计算机，从而提高用户的工作效率。

② 为了合理地使用系统内包含的各种软、硬件资源，提高整个系统的使用效率和经济效益。

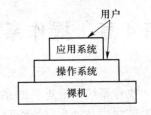

图4.1.1　用户面对的计算机

操作系统作为计算机系统资源的管理者，它的主要功能是对系统所有的软、硬件资源进行合理而有效的管理和调度，提高计算机系统的整体性能。具体地说，操作系统具有处理机管理、存储管理、设备管理、信息管理等功能。

操作系统的出现是计算机软件发展史上的一个重大转折，也是计算机系统的一个重大转折。

4.1.2　操作系统的分类

经过了许多年的迅速发展，操作系统种类繁多，功能也相差很大，已经能够适应各种不同的应用和各种不同的硬件配置。操作系统有以下几种不同的分类标准。

① 按与用户对话的界面分类。可分为命令行界面操作系统（如MS DOS）和图形用户界面操作系统（如Windows）。

② 按系统的功能为标准分类。可分为三种基本类型，即批处理系统、分时操作系统、实时操作系统。随着计算机体系结构的发展，又出现了许多种操作系统，如个人计算机操作系统、网络操作系统和智能手机操作系统。

下面简要介绍批处理系统、分时操作系统、实时操作系统、个人计算机操作系统、网络操作系统和智能手机操作系统。

1. 批处理系统

在批处理系统中，用户可以把作业一批批地输入系统。它的主要特点是允许用户将由程序、数据以及说明如何运行该作业的操作说明书组成的作业一批批地提交系统，然后不再与作业发生交互作用，直到作业运行完毕才能根据输出结果分析作业运行情况，确定是否需要适当修改再次上机。批处理系统现在已经不多见了。

2. 分时操作系统

分时操作系统的主要特点是将CPU的时间划分成时间片，轮流接收和处理各个用户从终端输入的命令。如果用户的某个处理要求时间较长，分配的一个时间片还不够用，它只能暂停下来，等待下一次轮到时再继续运行。由于计算机运算的高速性能和并行工作的特点，使得每个用户感觉不到别人也在使用这台计算机，就好像他独占了这台计算机。典型的分时操作系统有UNIX、Linux 等。

3. 实时操作系统

实时操作系统的主要特点是指对信号的输入、计算和输出都能在一定的时间范围内完成。也就是说，计算机对输入信息要以足够快的速度进行处理，并在确定的时间内做出反应或进行控制。超出时间范围就失去了控制的时机，控制也就失去了意义。响应时间的长短，根据具体应用领域及应用对象对计算机系统的实时性要求不同而不同。根据具体应用领域的不同，又可以将实时操作系统分成两类：实时控制系统（如导弹发射系统、飞机自动导航系统）和实时信息处理系统（如机票订购系统、联机检索系统）。常用的实时操作系统有 RDOS 等。

4. 个人计算机操作系统

个人计算机操作系统是一种运行在个人计算机上的单用户、多任务的操作系统，主要特点是：计算机在某个时间内为单个用户服务；采用图形用户界面，界面友好；使用方便，用户无须专门学习，也能熟练操作机器。目前常用的是 Windows 的 Home 和 Professional 版、Linux 等。

5. 网络操作系统

网络操作系统是在单机操作系统的基础上发展起来的，能够管理网络通信和网络上的共享资源，协调各个主机上任务的运行，并向用户提供统一、高效、方便易用的网络接口的一种操作系统。目前常用的有 Windows Server。

6. 手机操作系统

手机操作系统运行在智能手机的操作系统上。智能手机具有独立的操作系统、良好的用户界面，以及很强的应用扩展性，能方便随意地安装和删除应用程序。目前常用的手机操作系统有 Android、iOS、Windows Phone。

4.1.3　常用操作系统简介

操作系统种类很多，目前主要有 Windows、UNIX、Linux、MAC OS 和 Android。由于 DOS 曾在 20 世纪 80 年代的个人计算机上占有绝对主流地位，因此在这里也做简要介绍。

1. DOS

DOS（Disk Operating System）是 Microsoft 研制的、配置在 PC 上的单用户命令行界面操作系统。它曾经非常广泛地应用在 PC 上，对于计算机的应用普及可以说是功不可没。DOS 的特点是简单易学，硬件要求低，但存储能力有限。因为种种原因，现在已被 Windows 替代。

2. Windows

Windows 是基于图形用户界面的操作系统。因其生动、形象的用户界面，十分简便的操作方法，吸引着成千上万的用户，成为目前装机普及率最高的一种操作系统。

尽管 Windows 家族产品繁多，但是两个系列还是清晰可见：一是面向个人消费者和客户机开发的 Windows XP/Vista/7/8 系列；二是面向服务器开发的 Windows Server 2003/2008/2012。

3. UNIX

UNIX 是一种发展比较早的操作系统，一直占有操作系统市场较大的份额。UNIX 的优点是具有较好的可移植性，可运行于许多不同类型的计算机上，具有较好的可靠性和安全性，支持多任务、多处理、多用户、网络管理和网络应用。缺点是缺乏统一的标准，应用程序不够丰富，并且不易学习，从而限制了 UNIX 的普及应用。

4. Linux

Linux 是一种源代码开放的操作系统。用户可以通过 Internet 免费获取 Linux 及其生成工具的源代码，然后进行修改，建立一个自己的 Linux 开发平台，开发 Linux 软件。

Linux 实际上是从 UNIX 发展起来的，与 UNIX 兼容，能够运行大多数的 UNIX 工具软件、应用程序和网络协议。Linux 继承了 UNIX 以网络为核心的设计思想，是一个性能稳定的多用户网络操作系统。同时，它还支持多任务、多进程和多 CPU。

Linux 的版本众多，厂商们利用 Linux 的核心程序，再加上外挂程序，就变成了现在的各种 Linux 版本。现在主要流行的版本有 Red Hat Linux、Turbo Linux、S. u. S. E Linux 等。我国自己开发的有红旗 Linux、蓝点 Linux 等。

5. Mac OS

Mac OS 是一套运行在苹果公司的 Macintosh 系列计算机上的操作系统。Mac OS 是首个在商用领域成功的图形用户界面。现行最新的系统版本是 Mac OS Leopard。

Mac OS 具有较强的图形处理能力，广泛用于桌面出版和多媒体应用等领域。Mac OS 的缺点是与 Windows 缺乏较好的兼容性，影响了它的普及。

6. Android

Android 是一种基于 Linux 的自由及开放源代码的操作系统，主要使用于便携设备，如智能手机和平板电脑。Android 操作系统最初由 Andy Rubin 开发，主要支持智能手机，后来逐渐扩展到平板电脑及其他领域。目前，

Android 是智能手机上最重要的操作系统。

4.2 Windows 基础

本节介绍 Windows 的基础知识和基本应用。

1. Windows 的发展历史

自 1983 年 11 月 Microsoft 宣告 Windows 诞生以来，Windows 虽然只有短短的 30 年历史，但因其生动、形象的用户界面，简便的操作方法，吸引着众多的用户，成为目前应用最广泛的操作系统。

尽管 Windows 家族产品繁多，但是两个产品线还是清晰可见：一是面向个人消费者和客户机开发的，如 Windows XP/Vista/7/8 等；二是面向服务器开发的，如 Windows Server 2003/2008/2012。自 2010 年开始，Microsoft 推出了新的产品线，就是为智能手机开发的 Windows Phone，最新的版本是 Windows Phone 8。

Windows 7 于 2009 年 10 月发布。微软首席运行官史蒂夫·鲍尔默曾说过，Windows 7 是 Windows Vista 的"改良版"。

Windows 8 于 2012 年 10 月发布，这是具有革命性变化的操作系统。微软自称从此触摸革命将开始。

尽管 Windows 8 发布已有一段时间，但 Windows 7 仍然是最受欢迎的操作系统，市场占有率排名第一。

2. 桌面

Windows 启动后呈现在用户面前的是"桌面"。所谓桌面是指 Windows 所占据的屏幕空间，即整个屏幕背景。桌面的底部是一个任务栏，其最左端是"开始"按钮；中间部分显示已打开的程序和文件，在它们之间可以进行快速切换；其最右端是通知区域，包括时钟以及一些告知特定程序和计算机设置状态的图标。初始时，桌面上只有一个"回收站"图标，以后用户可以根据自己的喜好设置桌面，把经常使用的程序、文档和文件夹放在桌面上或在桌面上为它们建立快捷方式。

（1）"开始"菜单

"开始"菜单是访问程序、文件夹和计算机设置的入口，如图 4.2.1 所示的菜单。在其中可以启动程序，打开文件夹，搜索文件、文件夹和程序，设置计算机，获取帮助信息，切换到其他用户账户等。

（2）"回收站"

"回收站"是一个文件夹，用来存储被删除的文件、文件夹。用户可以把"回收站"中的文件恢复到它们在系统中原来的位置。

图 4.2.1 "开始"菜单

桌面是工作的平面。可以通过"控制面板"改变桌面的设置。

例 4.1 在桌面上显示计算机、回收站、用户的文件、控制面板和网络图标。

实现方法：在桌面的快捷菜单中选择"个性化"命令，再选择"更改桌面图标"选项。

3. 控制面板

控制面板是用来进行系统设置和设备管理的一个工具集。在控制面板中，用户可以根据自己的喜好进行设置和管理，还可以进行添加或删除程序等操作，如图 4.2.2 所示。

启动控制面板的方法很多，最简单的操作是单击"开始"│"控制面板"命令。

4. 用户管理

Windows 允许多个用户共同使用同一台计算机，这就需要进行用户管理，包括创建新用户以及为用户分配权限等。在 Windows 中，每一个用户都有自己的工作环境，如桌面、我的文档等。

Windows 中的用户有以下两种类型。

① 标准用户。标准用户可以使用大多数软件，更改标准用户不影响其他

图 4.2.2 控制面板

用户或计算机的系统设置。

② 管理员。管理员有计算机的完全访问权，可以做任何修改。

例 4.2 创建名称为 TEST 的管理员用户。

实现方法：在"控制面板"中单击"添加或删除用户账户"选项。

5. 帮助系统

在使用计算机的过程中，经常会遇到各种各样的问题。解决问题的方法之一是使用 Windows 提供的帮助和支持。

如果计算机连接到 Internet，则还可以获得如下帮助和支持。

① 在 Windows 帮助和支持设置为"联机帮助"的情况下，可以获得最新的帮助内容。

② 邀请某人使用"远程协助"提供帮助。

③ 使用 Web 上的资源。

例 4.3 查找关于设置无线网络的帮助信息。

实现方法：单击"开始"｜"帮助和支持"命令，在弹出的窗口中的搜索框中输入"无线网络"，按 Enter 键，在查找结果中选择"设置无线网络"选项。

6. 剪贴板

在 Windows 中，剪贴板是程序和文件之间用于传递信息的临时存储区。剪贴板不但可以存储正文，还可以存储图像、声音等其他信息。通过它可以把各个文件的正文、图像、声音粘贴在一起形成一个图文并茂、有声有色的文档。

　　剪贴板的使用步骤是，先将信息复制或剪切到剪贴板这个临时存储区，然后在目标应用程序中将插入点定位在需要放置信息的位置，再使用"编辑"｜"粘贴"命令将剪贴板中信息传到目标应用程序中，如图 4.2.3 所示。

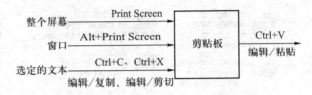

图 4.2.3　剪贴板的使用

　　（1）将信息复制到剪贴板

　　① 把选定信息复制到剪贴板。选定的信息既可以是文本，也可以是文件或文件夹等其他对象。把选定信息复制到剪贴板的方法是，单击"编辑"｜"剪切"（Ctrl + X）或"编辑"｜"复制"（Ctrl + C）命令。

　　"编辑"｜"剪切"命令是将选定信息复制到剪贴板上，然后在源文件中删除；"编辑"｜"复制"命令是将选定信息复制到剪贴板上，并且源文件中保持不变。

　　② 复制整个屏幕到剪贴板。按 Print Screen 键，整个屏幕被复制到剪贴板。

　　③ 复制窗口到剪贴板。先将窗口选择为当前活动窗口，然后按 Alt + Print Screen 组合键。按 Alt + Print Screen 组合键也能复制对话框，因为可以把对话框看作一种特殊的窗口。

　　（2）从剪贴板中粘贴信息

　　信息复制到剪贴板后，就可以从剪贴板中粘贴到目标应用程序中。粘贴的方法是，按 Ctrl + V 组合键或单击"编辑"｜"复制"命令。

　　将信息粘贴到目标程序后，剪贴板中内容依旧保持不变，因此可以进行多次粘贴。既可以在同一文件中多处粘贴，也可以在不同文件中粘贴（甚至可以是不同应用程序创建的文件），所以剪贴板提供了在不同应用程序间传递信息的一种有效方法。

　　"复制"、"剪切"和"粘贴"命令都有对应的快捷键，分别是 Ctrl + C、Ctrl + X 和 Ctrl + V。

　　例 4.4　把整个屏幕复制"画图"中，以 JPEG 的格式保存起来。

　　实现方法：按 Print Screen 键，启动"画图"程序，单击"主页"｜"剪贴板"｜"粘贴"命令，再单击"保存"命令，保存时选择"JPEG"的文件类型。

7. 任务管理器的使用

在 Windows 中，同时按下 Ctrl + Alt + Del 组合键，选择"启动任务管理器"选项，弹出如图 4.2.4 所示的任务管理器窗口。在任务管理器中，除了查看系统当前的信息之外，任务管理器还有下列用途。

微视频 4-1：
任务管理器

图 4.2.4　任务管理器窗口

（1）终止未响应的应用程序

当系统出现像"死机"一样的症状时，往往存在未响应的应用程序。此时，可以通过任务管理器终止这些未响应的应用程序，系统就恢复正常了。

（2）终止进程的运行

当 CPU 的使用率长时间达到或接近 100%，或系统提供的内存长时间处于几乎耗尽的状态时，通常是系统感染了蠕虫病毒的缘故。利用任务管理器，找到 CPU 或内存占用率高的进程，然后终止它。需要注意的是，系统进程无法终止。

8. 设备管理

每台计算机都配置了很多硬件设备，它们的性能和操作方式都不一样。但是在操作系统的支持下，用户可以极其方便地添加和管理设备。

（1）添加设备

目前，绝大多数设备都是 USB 设备，即通过 USB 电缆连接到计算机上的 USB 端口，图标如图 4.2.5 所示。USB 设备支持即插即用（Plug and Play，PnP）和热插拔。即插即用并不是说不需要安装设备驱动程序，而是意味着操作系统能自动检测到设备并自动安装驱

图 4.2.5　USB 连接符号

动程序。第一次将某个设备插入 USB 端口进行连接时，Windows 会自动识别该设备并为其安装驱动程序。如果找不到驱动程序，Windows 将提示插入包含驱动程序的光盘。

（2）管理设备

各类外部设备千差万别，在速度、工作方式、操作类型等方面都是有很大的差别。面对这些差别，确实很难有一种统一的方法管理各种外部设备。但是，现代各种操作求同存异，尽可能集中管理设备，为用户设计了一个简洁、可靠、易于维护的设备管理系统。

在 Windows 中，对设备进行集中统一管理的是设备管理器，如图 4.2.6 所示。在设备管理器中，用户可以了解有关计算机上的硬件如何安装和配置的信息，以及硬件如何与计算机程序交互的信息，还可以检查硬件状态，并更新安装硬件的设备驱动程序。

图 4.2.6　Windows 的设备管理器

打开"设备管理器"的方法是，单击"控制面板"｜"设备管理器"命令。

4.3　程序管理

在计算机系统中，程序的运行同样置于操作系统的管理下，主要目的是要把 CPU 的时间有效、合理地分配给各个正在运行的程序。

4.3.1　程序、进程和线程

1. 程序

程序是计算机为完成某一个任务所必须执行的一系列指令的集合，通常以文件的形式存放在外存储器上，开始执行时就被操作系统从外存储器中调入内存。在 Windows 中，绝大多数程序文件的扩展名是 exe，表 4.3.1 是常用的应用程序文件名。

表 4.3.1 常用的应用程序文件名

常用应用程序	文 件 名
Windows 资源管理器	Explorer. exe
记事本	Notepad. exe
写字板	Wordpad. exe
画图	Mspaint. exe
命令提示符	Cmd. exe
Windows Media Player	Wmplayer. exe
Internet Explorer	Iexplore. exe
Outlook Express	Msimn. exe
剪贴簿查看器	Clipbrd. exe
Microsoft Word	Winword. exe

（1）单道程序系统

在早期的计算机系统中，一旦某个程序开始运行，它就占用了整个系统的所有资源，直到该程序运行结束，这就是所谓的单道程序系统。在单道程序系统中，任一时刻只允许一个程序在系统中执行，正在执行的程序控制了整个系统的资源，一个程序执行结束后才能执行下一个程序。因此，系统的资源利用率不高，大量的资源在许多时间内处于闲置状态。例如，图 4.3.1 是单道程序系统中 3 个程序在 CPU 中依次运行的情况。首先程序 A 被加载到系统内执行，执行结束后再加载程序 B 执行，最后加载程序 C 执行，3 个程序不能交替运行。

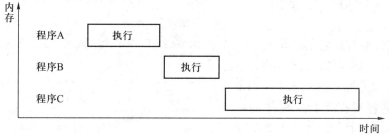

说明：任何时刻内存中只有一道程序。一个程序运行完全结束后才能运行下一个程序

图 4.3.1 单道程序系统中程序的执行

（2）多道程序系统

为了提高系统资源的利用率，后来的操作系统都允许同时有多个程序被

加载到内存中执行，这样的操作系统被称为多道程序系统。在多道程序系统中，从宏观上看，系统中多道程序是在并行执行；从微观上看，在任一时刻仅能执行一道程序，各程序是交替执行的。由于系统中同时有多道程序在运行，它们共享系统资源，提高了系统资源的利用率，因此操作系统必须承担资源管理的任务，要求能够对包括处理机在内的系统资源进行管理。例如，图 4.3.2 是多道程序系统中 3 个程序在 CPU 中交替运行的情况。程序 A 没有结束就放弃了 CPU，让程序 B 和程序 C 执行，程序 C 没有结束又让程序 A 抢占了 CPU，3 个程序交替运行。

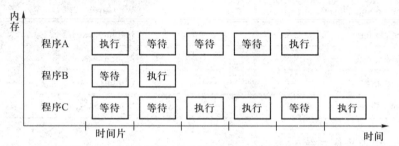

说明：等待是指等待CPU或系统资源。处于等待状态的程序虽然不占用CPU，但仍然驻留内存

图 4.3.2　多道程序系统中程序在交替执行

2. 进程

进程，简单地说，就是一个正在执行的程序。或者说，进程是一个程序与其数据一起在计算机上顺序执行时所发生的活动。一个程序被加载到内存中，系统就创建了一个进程，程序执行结束后，该进程也就消亡了。当一个程序（如 Windows 的记事本程序）同时被执行多次时，系统就创建了多个进程，尽管是同一个程序。

在任务管理器的"进程"选项卡中，用户可以查看到当前正在执行的进程。图 4.3.3 中共有 71 个进程正在运行，程序 notepad.exe 被同时运行了 3 次，因而内存中有 3 个这样的进程。

程序和进程的主要差异在于以下几点。

① 程序是一个静态的概念，指的是存放在外存储器上的程序

图 4.3.3　进程

文件；进程是一个动态的概念，描述程序执行时的动态行为。进程由程序执行而产生，如图 4.3.4 所示，它随执行过程结束而消亡，所以进程是有生命周期的。

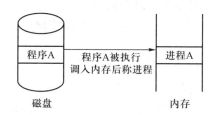

图 4.3.4　程序与进程的关系

② 程序可以脱离机器长期保存，即使不执行的程序也是存在的；而进程是执行着的程序，程序执行完毕，进程也就不存在了，所以进程的生命是暂时的。

③ 一个程序可多次执行并产生多个不同的进程。

3. 线程

随着硬件和软件技术的发展，为了更好地实现并发处理和共享资源，提高 CPU 的利用率，目前许多操作系统把进程再"细分"成线程（threads）。一个进程细分成多个线程后，可以更好地共享资源。

在任务管理器的"进程"选项卡中，可以看到每一个进程所包含的线程数（用"查看"｜"选择列"命令设置显示"线程数"）。图 4.3.3 中进程 explorer. exe 有 45 个线程，进程 WINWORD. EXE 有 4 个线程。

在 Windows 中，线程是 CPU 的分配单位。把线程作为 CPU 的分配单位的好处是，充分共享共源，减少内存开销，提高并发性，切换速度相对较快。目前大部分的应用程序都是多线程的结构。

例 4.5　管理正在运行的应用程序和查看进程的线程数。

实现方法：同时按下 Ctrl + Alt + Del 组合键，单击"启动任务管理器"选项，"应用程序"选项卡显示了正在运行的应用程序，在其中可以"结束任务"、"切换至"应用程序；在"进程"选项卡中，单击"查看"｜"选择列"命令设置显示"线程数"，可以查看进程的线程数。

4.3.2　快捷方式

在桌面上，常见的那种左下角有一个弧形箭头的图标称为快捷方式，如图 4.3.5 所示。为了快速地启动某个应用程序或打开文件，通常在便捷的地方（如桌面或"开始"菜单）创建快捷方式。

快捷方式是连接对象的图标，它不是这个对象本身，而是指向这个对象的指针，这如同一个人的照片。不仅可以为应用程序创建快捷方式，而且可以为 Windows 中的任何一个对象建立快捷方式。例如，可以为程序文件、文档、文件夹、控制面板、打印机或磁盘等创建快捷方式。

图 4.3.5　Word 快捷方式

创建快捷方式有以下两种方法。

① 按住 Ctrl + Shift 组合键不放进行拖曳。

② 在资源管理器中使用"文件"｜"新建"｜"快捷方式"命令或在快捷菜单中单击"新建"｜"快捷方式"命令。

例 4.6　在桌面上为 Word 建立快捷方式。

实现方法：

（1）按住 Ctrl + Shift 组合键不放，将 Office14 文件夹中的 WIN-WORD. EXE（如图 4.3.6 所示）文件拖曳到桌面上，桌面上出现 Word 快捷方式图标。

图 4.3.6　Office14 窗口

（2）在桌面的快捷菜单中单击"新建"｜"快捷方式"命令，弹出"创建快捷方式"窗口，单击"浏览"按钮，选择"C：\ Program Files \ Microsoft Office\Office14\WINWORD. EXE"文件，单击"下一步"按钮，输入快捷方式的名称，单击"完成"按钮。

资源管理器中的"文件"菜单中也有一条"创建快捷方式"命令，但它与"文件"｜"新建"｜"快捷方式"命令是有区别的。前者是在"原地"创建快捷方式。

4.3.3 安装和卸载程序

1. 应用程序的安装和卸载

应用程序的安装通常是通过运行其自带的安装程序进行的，卸载通常是通过"控制面板"中的"程序"完成的。

2. Windows 组件的安装和卸载

Windows 提供了许多组件，它们的安装和卸载都是通过"控制面板"中的"程序"｜"打开或关闭 Windows 功能"实现的，如图 4.3.7 所示。

图 4.3.7 "控制面板"中的"程序"组

例 4.7 观察 Internet 信息服务（IIS）的安装情况，若没有安装则全部安装。

实现方法：单击"控制面板"｜"程序"｜"打开或关闭 Windows 功能"选项，弹出"Windows 功能"窗口，展开"Internet 信息服务"选项，根据复选框勾选情况可以判定其安装情况。若没有安装（复选框没有勾选），则勾选，单击"确定"按钮后，Windows 开始安装（安装时可能提示需要插入Windows 光盘）。

4.4 文件管理

在操作系统中，负责管理和存取文件信息的部分称为文件系统或信息管理系统。在文件系统的管理下，用户可以按照文件名访问文件，而不必考虑各种外存储器的差异，不必了解文件在外存储器上的具体物理位置以及如何存放。文件系统为用户提供了一个简单、统一的访问文件的方法，因此它也被称为用户与外存储器的接口。

4.4.1 文件

文件是有名字的一组相关信息的集合。在计算机系统中，所有的程序和数据都是以文件的形式存放在计算机的外存储器（如磁盘等）上。例如，C/C++ 或 VB 源程序、Word 文档、各种可执行程序等都是文件。

1. 文件名

任何一个文件都有文件名。文件名是存取文件的依据，即按名存取。一般来说，文件名分为文件主名和扩展名两个部分，如图 4.4.1 所示。

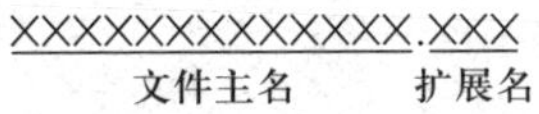

xxxxxxxxxxxxxx.xxx

文件主名　　　　扩展名

图 4.4.1　文件名

一般来说，文件主名应该用有意义的词汇或是数字命名，顾名思义，以便用户识别。例如，Windows 中的 Internet 浏览器的文件名为 Iexplore. exe。

不同的操作系统其文件名命名规则有所不同。有些操作系统是不区分大小写的，如 Windows，而有的操作系统是区分大小写的，如 UNIX。

2. 文件类型

在绝大多数的操作系统中，文件的扩展名表示文件的类型。例如，exe 是可执行程序文件，cpp 是 C++ 源程序文件，jpg 是图像文件，wmv 是一种流媒体文件，htm 表示网页文件，rar 是压缩文件。

3. 文件属性

文件除了文件名外，还有文件大小、占用空间、所有者信息等，这些信息称为文件属性。

文件的重要属性如下。

① 只读。设置为只读属性的文件只能读，不能修改或删除，起保护作用。

② 隐藏。具有隐藏属性的文件在一般的情况下是不显示的。

③ 存档。任何一个新创建或修改的文件都有存档属性。当用"附件"下"系统工具"组中的"备份"程序备份后，归档属性消失。

4.4.2 文件夹

文件夹俗称目录，用于在磁盘上分类存放大量的文件。

1. 目录结构

一个磁盘上的文件成千上万，为了有效地管理和使用文件，用户通常在磁盘上创建文件夹（目录），在文件夹下再创建子文件夹（子目录），也就是将磁盘上所有文件组织成树状结构，然后将文件分门别类地存放在不同的文件夹中，如图 4.4.2 所示。这种结构像一棵倒置的树，树根为根文件夹（根目录），树中每一个分枝为文件夹（子目录），树叶为文件。在树状结构中，用户可以将同一个项目有关的文件放在同一个文件夹中，也可以按文件类型或用途将文件分类存放；同名文件可以存放在不同的文件夹中，也可以将访问权限相同的文件放在同一个文件夹中，集中管理。

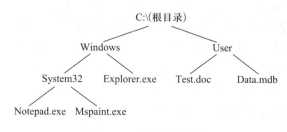

图 4.4.2　树形目录结构

2. 文件路径

当一个磁盘的目录结构被建立后，所有的文件可以分门别类地存放在所属的文件夹中，接下来的问题是如何访问这些文件。若要访问的文件不在同一个目录中，就必须加上文件路径，以便文件系统可以查找到所需要的文件。

文件路径分为以下两种。

① 绝对路径。从根目录开始，依序到该文件之前的目录名。

② 相对路径。从当前目录开始到某个文件之前的目录名。

例 4.8　请说明图 4.4.2 所示的目录结构中，Notepad. exe 和 Test. doc 文件的绝对路径和 Data. mdb 文件的相对路径（假定当前目录为 System32）。

Notepad. exe 和 Test. doc 文件的绝对路径是 C：\ Windows \ System32 和 C：\User。

Data. mdb 文件的相对路径是 .. \User(".."表示上一级目录)。

3. 文件系统

Windows 7 支持的常用磁盘文件系统有 3 种：FAT32、NTFS 和 exFAT。

① FAT32。可以支持容量达 8TB 的卷，单个文件大小不能超过 4 GB。

② exFAT。扩展 FAT，是为了解决 FAT32 不支持 4 GB 以上文件推出的文件系统。对于闪存，NTFS 文件系统不适合使用，exFAT 更为适用。因为 NTFS 是采用"日志式"的文件系统，需要不断读写，会比较损伤闪盘芯片。

③ NTFS。Windows 7 的标准文件系统，单个文件大小可以超过 4 GB。NTFS 兼顾了磁盘空间的使用与访问效率，提供了高性能、安全性、可靠性等

高级功能。例如，NTFS 提供了诸如文件和文件夹权限、加密、磁盘配额和压缩这样的高级功能。

4.4.3 管理文件和文件夹

管理文件和文件夹是 Windows 的主要功能。由于采用树形结构组织计算机中的本地资源和网络资源，因此操作起来非常方便。

"Windows 资源管理器"是 Windows 中管理文件和文件夹的主要程序，对应的程序文件名为 Explorer. exe。"计算机"是管理文件和文件夹的主要"入口"，通过"计算机"可以一级一级打开文件夹，进行各种操作。从本质上说，"计算机"与"网上邻居"、"回收站"一样，都是系统文件夹，打开"计算机"实质上是调用 Explorer. exe 文件。

1. 操作方式

使用 Windows 的一个显著特点是：先选定操作对象，再选择操作命令。选定对象是最基本的，绝大多数的操作都是从选定对象开始的。只有在选定对象后，才可以对它们执行进一步的操作。例如，要删除文件，必须先选定所要删除的文件，然后选择"文件"菜单中的"删除"命令或直接按 Delete键。选定对象的操作如表 4.4.1 所示。

表 4.4.1 选定对象的操作

选定对象	操作
单个对象	单击所要选定的对象
多个连续的对象	鼠标操作：单击第一个对象，按住 Shift 键，单击最后一个对象
	键盘操作：移动光条到第一个对象上，按住 Shift 键不放，移动光条到最后一个对象上
多个不连续的对象	单击第一个对象，按住 Ctrl 键不放，单击剩余的每个对象

管理文件和文件夹的操作有 3 种方式。

（1）通过菜单命令

管理文件和文件夹的命令基本上都组织成菜单。使用时，先选择对象，然后在菜单中选择所需的命令。

（2）使用快捷菜单

对于选定的文件或文件夹，单击鼠标右键都能弹出一个快捷菜单。快捷菜单包含了常用的操作命令，它们在菜单中几乎都有对应的命令。

（3）鼠标拖曳

许多操作可以用鼠标拖曳的方式实现。在拖曳文件或文件夹时，如果有

"＋"号出现，则意味着复制，否则意味着移动；如果按住 Ctrl 键拖曳，则是复制，否则当在不同驱动器之间拖曳时是复制，在同一驱动器之间拖曳时是移动。

2. 管理文件和文件夹的操作

常用的操作以及使用的命令如表 4.4.2～表 4.4.4 所示。

表 4.4.2　管理文件和文件夹的操作 1

作用	"编辑"菜单中的命令	鼠标拖曳	快捷键或键盘命令
复制	"复制"、"粘贴"	直接拖曳（不同驱动器） Ctrl＋拖曳（同一驱动器）	Ctrl＋C、Ctrl＋V
移动	"剪切"、"粘贴"	Shift＋拖曳（不同驱动器） 直接拖曳（同一驱动器）	Ctrl＋X、Ctrl＋V
删除	"删除"	直接拖曳到回收站	Delete

表 4.4.3　管理文件和文件夹的操作 2

作用	"文件"菜单中的命令	说明
发送	"发送"	可将文件发送到磁盘、文档、邮件收件人等，也可以用该命令在桌面上创建快捷方式
新建	"新建"	新建文件夹、快捷方式或各种类型的文档
改名	"重命名"	重新命名文件或文件夹的名称
查看属性	"属性"	查看文件或文件夹的属性

表 4.4.4　管理文件和文件夹的操作 3

作用	操作命令	说明
恢复文件	通过"回收站"或"编辑"｜"撤销删除"命令	从回收站恢复到原有位置
查找文件	"开始"｜"搜索程序或文件"	搜索所需的文件

说明：

（1）在设置搜索条件时，可以使用通配符"？"和"＊"。"？"代表任意一个字符，"＊"代表任意一个字符串。例如，"＊.DOC"代表扩展名为 DOC 的所有文件，"？B＊.EXE"代表第二个字符为 B 的所有程序文件。如果要指定多个文件名，则可以使用分号、逗号或空格作为分隔符，例如，"＊.DOC；＊.BMP；＊.TXT"。

（2）有下列三类文件被删除以后是不能被恢复的，因为它们被删除后并没有送到"回收站"中。

① 可移动磁盘（如软盘）上的文件；

② 网络上的文件；

③ 在 MS DOS 方式中被删除的文件。

3. 修改查看选项

资源管理器的"工具"菜单中"文件夹选项"可以用来设置查看文件和文件夹的方式，如图4.4.3和图4.4.4所示。其中重要的选项如下。

① 是否显示所有的文件和文件夹；

② 是否隐藏已知文件类型的扩展名；

③ 在同一个窗口中打开文件夹还是在不同窗口中打开不同的文件夹等。

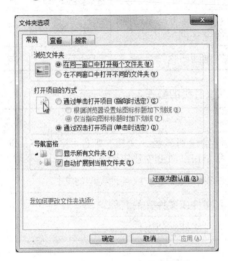

图 4.4.3 "常规"选项卡

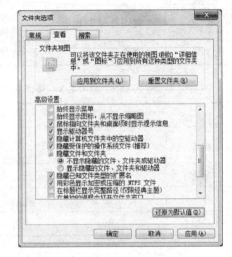

图 4.4.4 "查看"选项卡

例 4.9　设置显示文件扩展名、隐藏的文件和系统文件。

实现方法：打开任意一个文件夹，单击"工具"|"文件夹选项"命令，在弹出的"文件夹选项"对话框中单击"查看"选项卡，去除勾选"隐藏已知文件类型的扩展名"复选框，选定"显示隐藏的文件、文件夹和驱动器"单选按钮。

例 4.10　搜索计算机中第二个字符为"算"、扩展名为 docx 的所有文件。

实现方法：打开"计算机"文件夹，在窗口右上角的搜索框中输入搜索条件"? 算 *.docx"。

4.5　磁盘管理

磁盘是微型计算机必备的最重要的外存储器，另外现在可移动磁盘越来越普及,所以为了确保信息安全,掌握有关磁盘基本知识和管理磁盘的正确方法是非常必要的。

在 Windows 7 中,一个新的硬盘(假定出厂时没有进行过任何处理)需要进行如下处理:

① 创建磁盘主分区和逻辑驱动器。

② 格式化磁盘主分区和逻辑驱动器。

1. 磁盘分区

(1) 创建磁盘分区和逻辑驱动器

硬盘(包括可移动硬盘)的容量很大,人们常把一个硬盘划分为几个分区,主要原因是:

① 硬盘容量很大,为便于管理;

② 需要安装不同的系统,如 Windows、Linux 等。

在 Windows 7 中,一个硬盘最多可以创建 3 个主分区,只有创建了 3 个主分区后才能创建后面的逻辑驱动器。主分区不能再细分,所有的逻辑驱动器组成一个扩展分区,如图 4.5.1 所示。删除分区时,主分区可以直接删除,扩展分区需要先删除逻辑驱动器后再删除。

(2) 磁盘管理

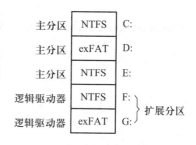

图 4.5.1 磁盘分区

在 Windows 7 中,除了在安装时可以进行简单的磁盘管理以外,磁盘管理一般是通过"控制面板"中"系统和安全"|"管理工具"|"创建并格式化硬盘分区"命令来实现的。

图 4.5.2 是启动"创建并格式化硬盘分区"命令后看到的某一台计算机的磁盘。从图中可以看到,计算机只有一个磁盘 0,它被分为 3 个主分区(C 盘、系统保留分区和 OEM 厂商的备份分区)和由只有 1 个逻辑驱动器组成的扩展分区。

创建磁盘分区和逻辑驱动器的方法是,在代表磁盘空间的区块上单击右键,在弹出的快捷菜单中单击"新建简单卷"命令即可。图 4.5.3 中创建了一个 200 GB 的主分区。

2. 磁盘格式化

磁盘分区并创建逻辑驱动器后还不能使用,还需要格式化。格式化的目的如下。

① 把磁道划分成一个个扇区,每个扇区有 512 个字节。

② 安装文件系统,建立根目录。

旧磁盘也可以格式化。如果对旧磁盘进行格式化,将删除磁盘上的原有

微视频 4-3:
硬盘分区和格式化

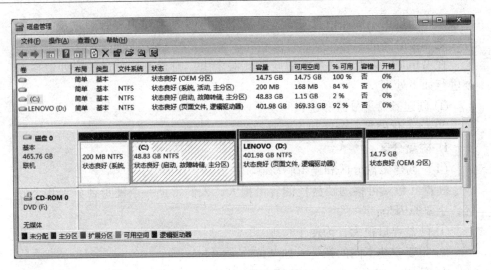

图 4.5.2 磁盘管理

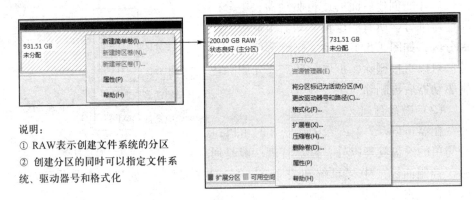

说明:
① RAW表示创建文件系统的分区
② 创建分区的同时可以指定文件系统、驱动器号和格式化

图 4.5.3 创建磁盘分区

信息。因此在对磁盘进行格式化时要特别慎重。

磁盘可以被格式化的条件是,磁盘不能处于写保护状态,磁盘上不能有打开的文件。

图 4.5.4 是格式化磁盘对话框,各参数说明如下。

① 容量。只有格式化软盘时才能选择磁盘的容量。

② 文件系统。Windows 7 支持 FAT32、exFAT 和 NTFS 文件系统。

③ 分配单元大小。文件占用磁盘空间的基本单位。只有当文件系统采用 NTFS 时才可以选择,否则只能使用默认值。

④ 卷标。卷的名称,也称为磁盘名称。

如果选定快速格式化,则仅仅删除磁盘上的文件和文件夹,而不检查磁盘的损坏情况。快速格式化只适用于曾经格式化过的磁盘,并且磁盘没有损

图 4.5.4　格式化磁盘

坏的情况。

例 4.11　对 U 盘进行格式化。

实现方法：

（1）打开"计算机"窗口，在 U 盘的快捷菜单中单击"格式化"命令。

（2）选定合适的文件系统，指定卷标等参数，就可以格式化了。

3. 磁盘碎片整理

微视频 4-4：
磁盘碎片整理

磁盘碎片又称文件碎片，是指一个文件没有保存在一个连续的磁盘空间上，而是被分散存放在许多地方。计算机工作一段时间后，磁盘进行了大量的读写操作，如删除、复制文件等，就会产生磁盘碎片。磁盘碎片太多就会影响数据的读写速度，因此需要定期进行磁盘碎片整理，消除磁盘碎片，提高计算机系统的性能。图 4.5.5 反映了磁盘碎片整理后的情况。

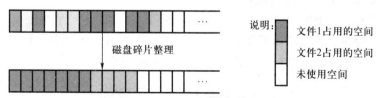

图 4.5.5　磁盘碎片整理前后

例 4.12　对 C 盘进行磁盘碎片整理。

实现方法：单击"开始"｜"所有程序"｜"附件"｜"系统工具"｜"磁盘碎片整理程序"命令，弹出"磁盘碎片整理程序"窗口，如图 4.5.6 所示，在其中选择"C:"进行碎片整理。

图 4.5.6 "磁盘碎片整理程序"窗口

4. 磁盘清理

计算机工作一段时间后,会产生很多的垃圾文件,如已经下载的程序文件、Internet 临时文件等。利用 Windows 提供的磁盘清理工具,可以轻松而又安全地实现磁盘清理,删除无用的文件,释放硬盘空间。

例 4.13 对 C 盘进行磁盘清理。

实现方法:单击"开始"|"所有程序"|"附件"|"系统工具"|"磁盘清理"命令,弹出磁盘清理窗口,如图 4.5.7 所示,在其中选择"C:"驱动器,图 4.5.8 是清理 C 盘的窗口,显示了要清理的文件。

微视频 4-5:
磁盘清理

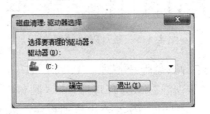

图 4.5.7 选择驱动器窗口

图 4.5.8　磁盘清理窗口

思　考　题

1. 操作系统的主要功能是什么？为什么说操作系统既是计算机硬件与其他软件的接口，又是用户和计算机的接口？

2. 简述 Windows 的文件命名规则。

3. 如何查找 C 盘上所有以 AUTO 开头的文件？

4. 回收站的功能是什么？什么样的文件删除后不能恢复？

5. 快捷方式和程序文件有什么区别？

6. 什么是进程？进程与程序有什么区别？

7. 什么是线程？线程与进程有什么区别？

8. 绝对路径与相对路径有什么区别？

9. 简述 Windows 支持的 3 种文件系统的特点。

10. 什么情况下不能格式化磁盘？

11. 什么是即插即用设备？如何安装非即插即用设备？

第 5 章　文字处理软件 Word 2010

　　Word 是使用广泛的文字处理软件之一，是微软公司的 Office 办公套装软件中的重要成员。本章介绍文字处理概述、文档建立和编辑、格式设置、表格处理、图文混排和高级自动化等内容。

5.1　文字处理概述

5.1.1　文字处理软件的发展

　　早期较有影响的文字处理软件是由 MicroPro 公司在 1979 年研制的 WordStar（文字之星，简称 WS）。该软件很快成为畅销的软件，风行于 20 世纪 80 年代。汉化版的 WS 在我国也非常流行。

　　1989 年，香港金山电脑公司推出了完全针对汉字的文字处理软件 WPS（Word Processing System）。WPS 软件相比 WS 拥有更多的优点，如字体格式丰富、控制灵活、表格制作方便、下拉菜单便捷、模拟显示实用有效等。凭借这些优点，WPS 在当时我国的软件市场可谓独占鳌头。但是当时的 WPS 并非完美，它并不能处理图文并茂的文件。在吸取了微软 Word 软件的优点后，WPS 的功能、操作方式与 Word 就非常相似了。目前，WPS Office 2013 个人版可以通过其官网（http://www.wps.cn）免费下载。

　　1982 年，微软公司开始加入文字处理软件的市场争夺，最初将文字处理软件命名为 MS Word。微软文字处理软件 Word 的真正发展是得益于 1989 年 Windows 系统的创新推出和巨大成功，Word 因此成为文字处理软件销售市场的主导产品。早期的文字处理软件只是以文字为主，现代的文字处理软件可以集文字、表格、图形、图像、声音于一体。Word 的版本在不断更新中，目前最新为 2013 版，本书是以 2010 版为蓝本。

5.1.2　文字处理软件的基本功能

　　作为文字处理软件，一般具有如下功能。

　　（1）文档管理功能。文档管理功能包括文档的建立、搜索满足条件的文档、以多种格式保存、文档自动保存、文档加密和意外情况恢复等，以确保文件安全和通用。

（2）编辑功能。编辑功能包括对文档内容的多种途径输入（语音和多种手写输入功能，更好地体现了"以用户为中心"的特点）、自动更正错误、拼写检查、简体/繁体转换、大小写转换、查找与替换等，以提高编辑的效率。

（3）排版功能提供了对字体、段落、页面的方便、丰富、美观的多种排版格式。

（4）表格处理。表格处理包括表格建立、编辑、格式化、统计、排序以及生成统计图等。

（5）图形处理。图形处理包括建立、插入多种形式的图形，对图形编辑、格式化、图文混排等。

（6）高级功能。对文档自动处理的功能，如建立目录、邮件合并、宏的建立和使用等。

对比常用的 Word 2003 版，Word 2010 版最大的变化如下：

（1）用户界面的改变

用户界面和操作都发生了很大的调整，用选项卡、功能区取代了之前的菜单栏和工具栏；功能区按任务不同又分为不同的组，其中部分组可以通过右下角的"⌐"对话框启动器打开该组所对应的对话框或任务窗格。

（2）Word 2010 主要的新功能

① "文档导航"窗格，便于对长文档的搜索和编辑。

② 屏幕截图，将屏幕快照方便地插入到文档中。

③ 文字、图片视觉效果，可为文字、图片添加视觉更好的效果。

④ SmartArt 图表，可轻松制作出精美的业务流程图。

（3）保存为其他格式文档

在 Word 2010 中可以保存为多种格式的文档，最常用的是保存扩展名为 doc 的文档，以便在 Word 2003 中存取。还可以保存为 PDF 格式文件等。

5.1.3 认识 Word 2010 的工作界面

打开 Word 2010 后，显示其工作窗口界面。Word 2010 窗口界面主要由标题栏、快速访问工具栏、功能区、功能区组、文档编辑区、状态栏等部分组成，如图 5.1.1 所示。

（1）快速访问工具栏

快速访问工具栏可以快速访问使用频繁的工具，一般默认情况下仅显示"保存"、"撤销键入"等命令按钮。用户可以单击"文件"|"选项"命令，在弹出的"Word 选项"对话框中的"快速访问工具栏"选项卡中，通过添加或删除命令按钮自定义快速访问工具栏。

微视频 5-1：
认识 Word

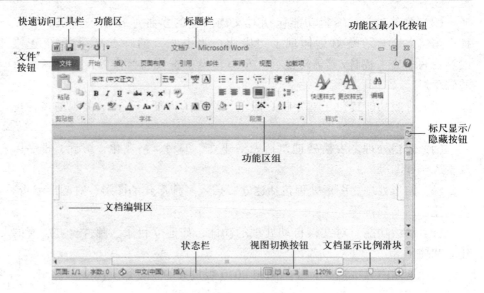

图 5.1.1 Word 2010 窗口界面

（2）"文件"按钮

"文件"按钮包含文件的"新建"、"打开"、"保存"、"打印"等常用操作命令。"另存为"命令可以将原本的 docx 文档保存为扩展名为 doc 的文档，以便在 Word 2003 及以前版本中打开并编辑，此外也可以直接保存为扩展名为 pdf 的文档。"最近所用文件"功能可方便用户查找和编辑最近编辑过的文档。

（3）功能区

Word 2010 取消了传统的菜单操作方式，而是用功能区来代替。功能区包含若干个围绕特定方案或对象组成的功能选项卡。通常情况下，功能区包含了"开始"、"插入"、"页面布局"、"引用"、"邮件"、"审阅"、"视图"7个功能选项卡。

每个选项卡有各自对应的面板，其中每个功能选项卡面板中又可细化为几个组，称为功能区组（简称组）。每个组内由若干种按钮组成，如图 5.1.2 所示。

图 5.1.2 功能组中各种按钮作用说明

① 命令按钮。执行该命令功能。

② 下拉按钮"▾"。打开下拉列表，选择所需的命令。

③ 快翻按钮"▾"。作用类似下拉按钮，打开列表框。

④ 对话框启动器按钮"▣"。打开功能区对话框。

注意：单击窗口右上角的"△"功能区最小化按钮，可用于隐藏功能区组，仅显示选项卡。

（4）文档编辑区

对文档进行输入和编辑的区域。在文档编辑区有不断闪烁的插入点"│"表示用户当前的编辑位置。文本编辑区左边的区域称为"选定区"，当鼠标移到该区域时，会自动变成向右倾斜的空心箭头"⇗"，此时单击鼠标左键并上下拖曳可快速选定文本块。

（5）视图切换按钮

视图切换按钮可以对文档选择不同的显示方式，有"页面视图"、"阅读版式视图"、"Web 版式视图"、"大纲视图"和"草稿"等。

（6）状态栏

状态栏显示文档的信息，以及插入/改写等状态。

（7）文档显示比例滑块

拖动滑块使文档按比例显示，方便用户查看文档。

（8）标尺显示/隐藏按钮

控制水平标尺和垂直标尺显示与否。标尺用于排版时文档、图片等的定位所需。

5.2　Word 2010 的基本操作

本节重点介绍创建 Word 文档所需掌握的基本操作与技能，主要涉及文档的创建、输入、编辑和保存。

5.2.1　创建和保存文档

1. 创建文档

创建 Word 文档有多种方式，常用的有以下两种。

（1）打开 Word 2010 应用程序，自动创建一个文件名为"文档 1"的新文档，用户可以输入和编辑文档。

（2）通过"文件"按钮，在下拉菜单中选择"新建"命令，单击右侧窗口"可用模板"栏的"空白文档"按钮，再单击"创建"按钮创建一个新文档；也可利用文档模板快速建立特定格式的文档，如博客文章等。

2. 保存文档

新文档的建立以及老文档的任何编辑都只是暂存在计算机内存中，因此需要通过保存操作将文档存放到磁盘的指定位置。保存文档可单击"文件"｜"保存"命令或"快速访问工具栏"的" 💾 "按钮。

用户也可以通过"文件"｜"另存为"命令保存文档，"另存为"文档可以设置以下几种情况：

① 改变文件的名称；

② 改变文件的存放位置；

③ 改变文件的类型。

例 5.1 将文档分别保存为扩展名为 doc 和 pdf 的文档。

实现方法：单击"文件"｜"另存为"命令，弹出"另存为"对话框。选择保存文件的路径并输入文件名，在"保存类型"下拉列表框中选择"Word 97 - 2003 文档(*.doc)"选项，如图5.2.1所示。要将文档保存为 PDF 格式，方法类似，只要在"保存类型"中选择"PDF(*.pdf)"选项即可。

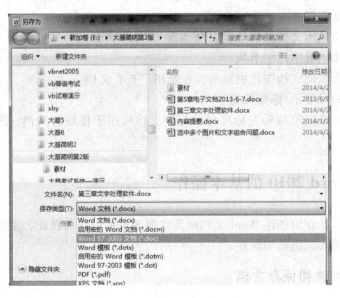

图 5.2.1 "另存为"对话框

微视频 5-2：
文档的输入

5.2.2 文档的输入

在文字处理软件中，输入的途径有多种，如通过键盘输入、联机手写输入、语音输入、扫描输入等，本书介绍前两种方式。

1. 键盘输入

键盘是最常用的输入设备，可方便地输入各种英文字母、数字和其他字符等。汉字输入可根据各人的习惯选择不同的输入法，常用的输入法有微软拼音、智能 ABC、搜狐拼音、五笔字型等。

各种符号的输入方法如下：

（1）常用的中文标点符号，只要切换到中文输入法，直接按键盘上的标点符号即可。

（2）其他符号，如数字序号、希腊字母等，可通过输入法打开软键盘，如 5.2.2 所示，选择所需的符号。

（3）特殊符号。单击"插入"｜"符号"下拉按钮选择"其他符号"选项，弹出"符号"对话框，如图 5.2.3 所示。在"字体"下拉列表框中选择所需的字体类别，如"Windings"。

图 5.2.2　软键盘

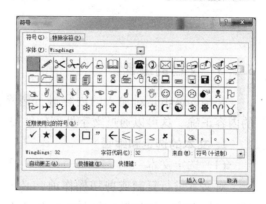

图 5.2.3　"符号"对话框

2. 联机手写输入

手写输入分为联机手写输入和脱机手写输入。对汉字识别系统而言，联机手写汉字识别比脱机手写汉字识别相对容易些。联机手写输入汉字利用输入设备（如输入板或鼠标）模仿成一支笔进行书写，输入板或屏幕中内置的高精密的电子信号采集系统将笔画变为一维电信号，输入计算机的是以坐标点序列表示的笔尖移动轨迹，因而被处理的是一维的线条（笔画）串，这些线条串含有笔画数目、笔画走向、笔顺和书写速度等信息。脱机手写汉字指利用扫描仪等设备输入，识别系统处理的是二维的汉字点阵图像，由于汉字其独特的复杂结构和写字者的书写自由性，实现汉字正确识别是一个难题，本书不再介绍。

在 Word 2010 中可通过微软自带的输入法中提供的"输入板"来实现，如图 5.2.4 所示。在开启输入板后，打开输入板对话框，如图 5.2.5 所示。

单击左侧"手写识别"按钮后，可在手写检索框内利用鼠标书写汉字，右侧显示框内会显示与之匹配、相似的文字供选择，最后单击正确的汉字就可以实现手写输入。

联机手写输入的最大优点在于，利用输入板可解决冷僻字或不识拼音字的输入。

图 5.2.4　开启输入板　　　　　　　　　图 5.2.5　输入板对话框

5.2.3　文档的编辑

文档的编辑是对输入的内容进行删除、修改、插入等操作，以确保输入的内容正确。这可以通过文字处理软件提供的编辑功能快速实现。

1. 文本的选定和编辑

（1）选定文本

对文本进行复制或剪切操作前，必须先选定所要操作的内容。通过鼠标拖曳可以选中一块连续的区域；而按住 Ctrl 键再加选定操作，可以同时选定多块不连续的区域。

（2）复制、剪切与粘贴

人们在日常工作中要"复制"一段文字，在文字处理软件里分解成两个动作，首先将选定的内容"复制"到剪贴板，再从剪贴板"粘贴"到目标处。同样，要将一段文字移动到另一处，也要分解成两个动作，先将选定的内容"剪切"到剪贴板保存，再从剪贴板"粘贴"到目标处。要删除一段选定的文字，则可以通过键盘上的 Delete 键实现，也可以通过"剪切"命令来实现，两者的区别是，前者是直接删除，后者会在剪贴板上保存被"剪切"的内容。对用户来说，剪贴板是透明的，只要正确地使用它即可。

复制、剪切与粘贴按钮均在"开始"选项卡的"剪贴板"功能区组中。

注意：在粘贴时可以在下拉列表中选择"选择性粘贴"命令，打开"选择性粘贴"对话框，如图 5.2.6 所示，选择粘贴的不同形式。

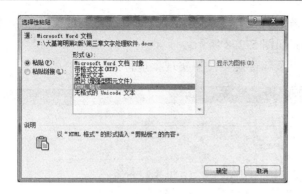

图 5.2.6 "选择性粘贴" 对话框

（3）剪贴板

剪贴板是 Windows 应用程序可以共享的一块公共信息区域。它的功能非常强大，不但可以保存文本信息，而且可以保存图形、图像和表格等各种信息。在 Office 2010 中，剪贴板中可以存放最多 24 次复制或剪切的内容。要查看剪贴板的内容，可通过选择"开始"|"剪贴板"功能区组，打开剪贴板任务窗格实现。

（4）撤销和恢复

在编辑文档的过程中，如果用户操作失误，可通过快速访问工具栏的"撤销键入"按钮（⟲），恢复到前一步操作前或前几步操作前的状态，也可以通过"恢复键入"按钮（⟳）恢复到撤销动作前的状态。

2. 查找与替换和文档导航

（1）查找与替换

查找与替换是提高文本编辑效率的常用操作。通过输入所要查找或替换的内容，系统可自动地在规定的范围内进行定位，然后进行手动的逐一替换或自动的全部替换。

查找与替换不但可以作用于具体的文字，也可以作用于格式、特殊字符、通配符等。

例 5.2 将文档中所有的英文字母改为带有下划线的大写字母。

实现方法：

（1）单击"开始"|"编辑"|"替换"按钮，弹出"查找和替换"对话框，如图 5.2.7 所示。

（2）鼠标插入点先定位于"查找内容"文本框中，单击左下角的"更多"按钮，在展开后的对话框中单击"特殊格式"按钮，并选择列表中的"任意字母"选项。此时，"查找内容"文本框中出现"^$"的信息。

（3）插入点再定位在"替换为"文本框中，单击"格式"按钮中的"字

微视频 5-3：
查找与替换

体"命令，在弹出的"替换字体"对话框中选择下划线线型和"全部大写字母"选项，界面如图5.2.8所示。

（4）单击"全部替换"按钮实现批量替换。

图5.2.7 "查找和替换"对话框   图5.2.8 "替换字体"对话框

注意：利用替换功能，还可以达到简化输入、提高效率的意外效果。例如，在一篇经常会出现"Microsoft Office Word 2010"的文档中，可以在输入时用一个不常用的字符表示，然后利用替换功能将这一字符全部替换成"Microsoft Office Word 2010"，当然替换时要防止出现二义性。

（2）文档导航

在 Word 2010 中，新增了文档导航功能，利用文档导航可以快速实现长文档的定位，还可以重排结构等。要实现文档导航必须打开"导航"窗格，单击"视图"|"显示"|"导航窗体"复选框，在"搜索文档"文本框中输入待搜索的内容，按 Enter 键，在下方将会显示文档搜索到的个数，在右侧的文档窗口中自动定位到所搜索到的第一个出现的位置，并以高亮度显示。单击"导航"窗格的"▲ ▼"按钮，可以定位至上一处和下一处搜索到的位置。

例5.3 在打开的文档中搜索"计算机"出现的情况。在打开的"导航"窗格的"搜索文档"文本框中输入"计算机"后按 Enter 键，在下方显示该词出现的个数（本例为7个匹配项）。单击"▲ ▼"按钮，可快速定位至出现"计算机"的不同位置，如图5.2.9所示。

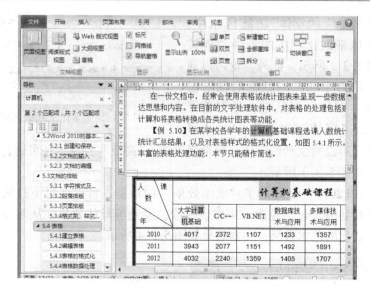

图 5.2.9 文档导航例

5.3 文档的排版

文档排版主要基于三种基本操作对象，即字符、段落和页面，各种对象有相应的排版命令。

5.3.1 字符格式及设置

字符排版是以若干文字为对象进行格式化。常见的格式化有字体、字号、字形、文本效果、字间距、字符宽度、中文加拼音等，如图 5.3.1 所示。

微视频 5-4：
字符格式的设置

图 5.3.1 部分字符格式设置效果

在"开始"│"字体"功能区组中，列出了字体格式化相关的各种功能按钮，如图 5.3.2 所示。此外，也可以通过功能区组右下角的对话框启动器按钮，打开"字体"对话框，进行更详细的设置。"字体"对话框中的"字体"选项卡可以对文档的字体进行常规设置，"高级"选项卡还可进行字间距等设置，如图 5.3.3 所示。

图 5.3.2　"字体"功能区组

在 Word 2010 中，增加了"文本效果"的功能，可以通过下拉按钮对文字进行外观处理，包括轮廓、阴影、映像、发光等具体效果，从而使得文字更具有专业化的艺术效果，文本效果如图 5.3.4 所示。

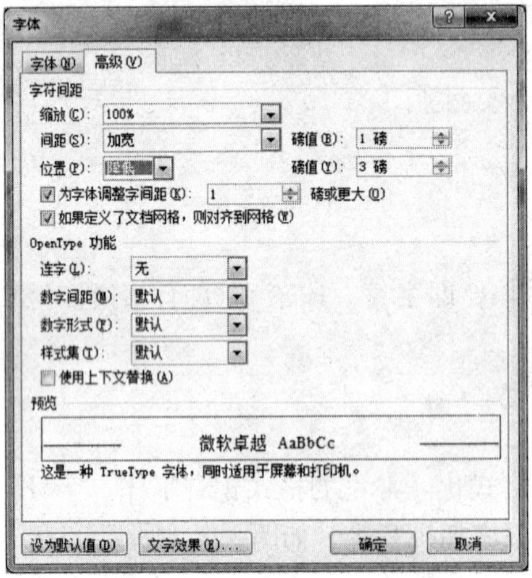

图 5.3.3　"高级"选项卡

图 5.3.4　文本效果

5.3.2　段落排版

段落是文本、图形、对象或其他项目的集合。在显示编辑标记的状态下，每个段落后面会出现一个段落标记符"↵"，一般为一个硬回车符（按 Enter 键产生）。段落的排版是针对整个段落的外观，包括对齐方式、段缩排、行间距和段间距等。"段落"格式功能区组如图 5.3.5 所示，打开的"段落"对话框如图 5.3.6 所示。

1. 对齐方式

在文档中对齐文本可以使得文本的层次关系更清晰，阅读更容易。对齐方式一般有 5 种，即左对齐、居中、右对齐、两端对齐和分散对齐。两端对齐是通过词与词间自动调整空格的宽度，使得正文沿左、右页边对齐。两端对齐的方式对于英文文本特别有效，因为可以有效防止出现一个单词跨两行显示的情况；而对于中文文本，效果则等同左对齐。分散对齐是以字符为单位，均匀地分布在每一行上，对中、英文均有效。

图 5.3.5 "段落"格式功能区组   图 5.3.6 "段落"对话框

例 5.4 对打印的"录取通知"进行 4 种对齐方式的设置，对齐效果如图 5.3.7 所示。

图 5.3.7 对齐效果

2. 文本的缩进

对于普通的文档段落，一般都规定首行缩进两个汉字。有时为了强调某些段落，也会适当进行缩进。缩进方式有以下 4 种：

① 首行缩进。控制段落中第一行第一个字的起始位。

② 悬挂缩进。控制段落中首行以外的其他行的起始位。

③ 左缩进。控制段落左边界（包括首行和悬挂缩进）缩进的位置。

④ 右缩进。控制段落右边界缩进的位置。

设置缩进的位置，既可以直接在水平标尺上拖动"段落缩进"标记，如图 5.3.8 所示，也可以在"段落"对话框中精确设置。

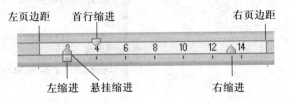

图 5.3.8 水平标尺的"段落缩进"标记

注意：

① 尽量不要用 Tab 键或空格键来设置文本的缩进，也不要在每行的结尾处使用 Enter 键换行，因为这样做不利于文章的对齐。

② 图 5.3.8 中的左、右页边距指打印纸张的页边距，下节将进行介绍。

3. 行间距与段间距

行间距用于控制每行之间的间距。在 Word 中，"行距"设置有最小值、固定值、X 倍行距（X 为单倍、1.5 倍、2 倍、多倍等）等选项，其中用得较多的是"单倍行距"选项，其默认值为 15.6 磅，当文本高度超出该值时，Word 会自动调整高度以容纳较大字体。"固定值"选项可指定一个行距值，当文本高度超出该值时，则该行的文本不能完全显示出来。

段间距用于控制段落之间的间距，有"段前"和"段后"两种设置。

注意： 行、段设置的单位有字符、行数，也有磅值、厘米，这可以通过直接输入实现，如 2 厘米、10 磅等，系统会自动识别；也可通过单击"文件"|"选项"命令进行设置，弹出如图 5.3.9 所示的"Word 选项"对话框，当要以非字符为单位时，则必须将"高级"选项卡中的"以字符宽度为度量单位"复选框去除。

4. 边框和底纹

添加边框和底纹的目的是为使内容更加醒目。选择"段落"功能区组的边框下拉按钮 ▦ ▾，单击"边框和底纹"命令打开"边框和底纹"对话框，如图 5.3.10 所示，其中各选项卡说明如下。

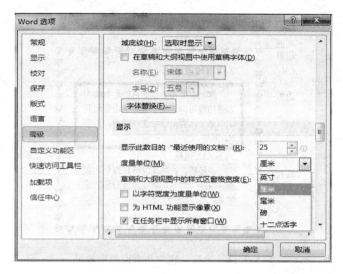

图 5.3.9 "Word 选项"对话框中度量单位的选择

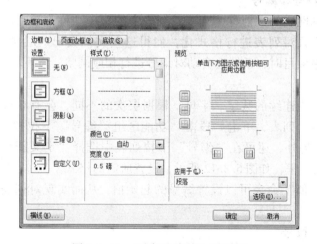

图 5.3.10 "边框和底纹"对话框

（1）"边框"选项卡

对选定的段落或文字加边框，可选择边框线的样式、颜色、宽度等外观效果。

（2）"页面边框"选项卡

对页面设置边框，各项设置类似"边框"选项卡，仅增加了"艺术型"选项，其应用范围适用于整篇文档或某些章节。

（3）"底纹"选项卡

对选定的段落加底纹，其中"填充"为底纹的背景色；"样式"为底纹的图案（填充点的密度等）；"颜色"为底纹内填充点的颜色，即前景色。

例 5.5　对文本进行边框、底纹和页面边框设置，效果如图 5.3.11 所示。

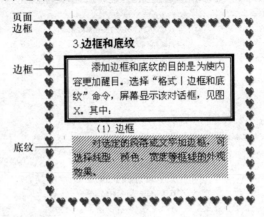

图 5.3.11　边框、底纹和页面边框效果

5. 项目符号和编号

微视频 5–6：
项目符号和编号

对于提纲性质的文档称为列表，列表中的每一项称为项目。可通过项目符号和编号方式对列表进行格式化，使得这些文档突出、层次鲜明。当然，在增加或删除项目时，系统会自动对编号进行相应调整。

（1）编号

编号一般为连续的数字、字母，根据层次的不同，会有相应的编号。选定要设置编号的列表，单击"段落"功能区组"编号"下拉按钮，选择所需的编号类型。另外，还可在"编号"下拉列表中选择"定义新编号格式"命令，打开其对话框，如图 5.3.12 所示，设置所需的格式。"编号"下拉按钮中的"设置编号值"命令可以设置编号的起始值，从而实现对列表编号的动态调整。

（2）项目符号

项目符号是为列表中的每一项设置相同的符号，可以是字符，也可以是图片。选定要设置项目符号的列表，单击"项目符号"下拉按钮，选择所需的符号，如图 5.3.13 所示。同样，也可在"项目符号"下拉列表中选择"定义新项目符号"命令，打开其对话框，选择所需的项目符号。

（3）多级列表

多级列表可以清晰地表明各层次之间的关系。选定要建立多级列表的列表，单击"多级列表"下拉按钮，确定多级格式，这时列表是以同一级别显示的，选定要缩进的项目，按 Tab 键一次，右缩进一级，按 Shift + Tab 组合键一次，回退一级。

例 5.6　对文档设置字母编号，对图片符号设置项目符号，对多级文档设置多级列表，效果如图 5.3.14 所示。

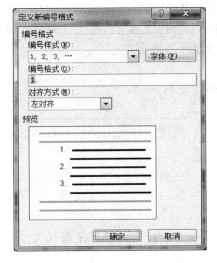

图 5.3.12 "定义新编号格式"对话框　　　图 5.3.13 "项目符号"下拉列表

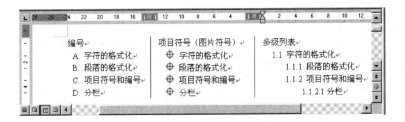

图 5.3.14 编号、项目符号和多级列表效果图

实现方法：首先对列表文档进行三分栏（关于分栏将在下节介绍），然后分别选中每一栏进行相应的编号、项目符号和多级列表设置。

5.3.3 页面排版

页面排版的主要目的是为了文档的整体美观和输出效果，排版内容包括页面设置、分栏、分节、页眉和页脚等，可以通过"页面布局"选项卡的各功能区组实现。

1. 页面设置

在新建一个文档时，Word 2010 提供了 Normal 模板，其页面设置适用于大部分文档。当然，用户也可根据需要进行所需的设置，可以通过打开"页面设置"功能区组的对话框来实现，如图 5.3.15 所示，该对话框有如下 4 个选项卡。

（1）页边距

页边距是指打印文本与纸张边缘的距离。Word 通常在页边距以内打印正文，而页码、页眉和页脚等则打印在页边距上。在设置页边距时，可以添加装订边，便于后期装订。此外，还可以选择纸张方向等。

（2）纸张

选择打印纸的大小，用户可以自定义纸张大小。

（3）版式

设置页眉、页脚离页边界的距离，奇页、偶页、首页的页眉和页脚的内容；还可以为每行增加行号。

（4）文档网格

设置每行、每页打印的字数、行数，文字排列的方向，以及行、列网格线是否需要打印等格式。

注意：不要把页边距与段落的缩进混淆起来。段落的缩进是指从文本区开始算起缩进的距离，图 5.3.16 展示了左右缩进、页边距、页眉和页脚之间的位置关系。

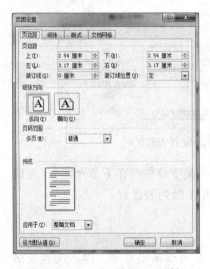

图 5.3.15 "页面设置"对话框

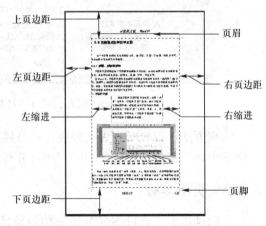

图 5.3.16 页边距与段落缩排的位置关系

微视频 5-7：
分栏

2. 分栏

编辑报纸、杂志时，经常需要对文章进行各种复杂的分栏排版操作，使得版面更生动、更具可读性。单击"页面布局"|"页面设置"|"分栏"按钮，在下拉列表中选择"更多分栏"命令，打开"分栏"对话框，如图 5.3.17 所示。

在对话框中可设置栏数、每栏的宽度（不选择"栏宽相等"选项的前提

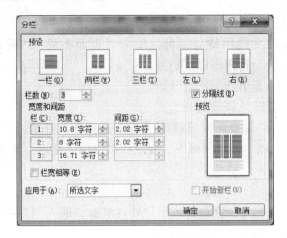

图 5.3.17 "分栏"对话框

下）等，图 5.3.14 是三分栏的效果。

若要对文档进行多种分栏，只要分别选择所需分栏的段落，然后进行上述分栏操作即可。多种分栏并存时，在"草稿"视图模式下可以看到不同分栏的段落之间系统会自动增加双虚线表示的"分节符"。

若要取消分栏，只要选择已分栏的段落，进行一分栏的操作即可；也可切换到"草稿"视图模式下直接删除双虚线所表示的"分节符"。

注意：在"草稿"视图模式下并不能看到分栏后的效果，必须切换到"页面视图"模式。此外，当分栏的段落是文档的最后一段时，为使分栏有效，必须在进行分栏操作前在文档最后添加一空段落（按 Enter 键）。

3. 分节

（1）节的概念

"节"是文档格式化的最大单位（或指一种排版格式的范围），分节符是一个"节"的结束符号。默认方式下，Word 将整个文档视为一"节"。在需要改变分栏数、页眉页脚、页边距、纸张方向等特性时，就要插入分节符将文档分成若干"节"。分节符中存储了"节"的格式设置信息。

注意：通常情况下，在"草稿"视图模式下可看到分节符是以双虚线呈现的。如果删除了某个分节符，它前面的文字会合并到后面的节中，并且统一采用后者的格式设置。一定要注意，分节符只控制它前面文字的格式。

编辑电子书稿时，一般可将封面作为一节，扉页和前言部分作为一节（不编页码），目录页作为一节，正文内容根据需要可分作一节或多节（若正文中有横向页面必须单独成为一节），从而方便在不同位置设置不同类型的页码。

微视频 5-8：
分节符

（2）插入分节符

插入点定位在文档中待分节处，单击"页面布局"|"页面设置"|"分隔符"下拉按钮，分节符出现以下类型。

- "下一页"：新节从下一页开始。
- "连续"：新节从同一页开始。
- "奇数页"、"偶数页"：新节从奇数页或偶数页开始。

例 5.7 在文档中插入一幅图，要求此图以横向显示，其余文档默认为以纵向显示。

实现方法：

（1）首先将光标定位在待插入图片处，单击"插入"|"插图"|"图片"按钮，将所需的图片插入在文档中。

（2）在图片前后分别插入两个分节符，类型为"下一页"，即将文档分为 3 节。

（3）光标定位在第 2 节，即图片所在节，单击"页面布局"|"页面设置"|"纸张方向"为"横向"即可。

在"页面视图"显示效果如图 5.3.18 所示。

图 5.3.18 分节后纵、横显示例

4. 页眉和页脚

页眉和页脚是指在每一页顶部和底部加入相关信息。这些信息可以是文字或图形形式，内容可以是总标题名、各章节标题名、日期、页码、图标等。其中内容包含两部分，一部分是固定不变的普通文本或图形，如总标题名、图标等；另一部分是可变的"域代码"，如页码、日期等，它在打印时会被当前的最新内容所代替。例如，生成日期的"域代码"是根据打印时机器内的时钟生成当前的日期，同样页码也是根据文档的实际页数打印其页码。

创建和编辑页眉和页脚的方法如下：

单击"插入"|"页眉和页脚"|"页眉"或"页脚"按钮，显示对应列表，选择"编辑页眉"或"编辑页脚"命令，进入编辑界面，同时选项卡最右侧

会显示动态"页眉和页脚工具"|"设计"选项卡及各功能区组，如图 5.3.19
所示。

图 5.3.19 "页眉和页脚工具"|"设计"选项卡各功能区组

进入页眉和页脚编辑状态后，正文会以暗淡色显示，表示不可编辑的状态，虚线框则表示页眉的输入区域。创建页脚，只需要单击"转至页脚"按钮进行切换即可。实际操作中，一个文档的奇数页和偶数页可以显示不同的页眉和页脚，另外也可以设置首页不显示页眉和页脚。

退出页眉和页脚的编辑状态只需要单击"关闭页眉和页脚"按钮即可。

例 5.8 将文档的页眉设置为各章的标题名。

实现方法：

（1）在每一章开头前插入分节符，并且将每章标题设置成统一的标题样式（关于样式见下节），如"标题1"。

（2）进入页眉编辑状态，单击"页眉和页脚工具"|"设计"|"插入"|"文档部件"下拉按钮，在列表中选择"域"命令，打开"域"对话框，如图 5.3.20 所示。

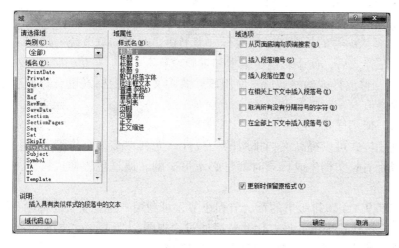

图 5.3.20 "域"对话框

（3）在"域名"列表中选择"StyleRef"选项，在"样式名"列表中选择

"标题 1"选项即可。

完成页眉设置后，用户可以观察到当某章的标题名发生改变时，该章的页眉也会自动发生相应改变。

5.3.4 格式刷、样式和模板

为了提高格式化的效率和质量，Word 提供了 3 种工具，分别是格式刷、样式和模板。

1. 格式刷

格式刷" "可以方便地将选定源文本的格式复制给目标文本，从而实现文本或段落格式的快速格式化。若要对同一格式进行多次复制，可以在选定源文本后双击" "按钮，然后进行多次复制，结束时再单击一次" "按钮，取消格式复制状态。

2. 样式

样式就是指一组已经命名的字符格式或者段落格式。它规定了文档中标题以及正文等一系列的格式。在"开始"|"样式"功能区组中列出了 Word 2010 的样式，如图 5.3.21 所示。

图 5.3.21 "样式"功能区组

样式一般有以下两个主要作用：

① 多人编写的长文档，如编写一本书籍，对书的章节统一规定了不同级别的标题样式后，便于统稿、编辑和排版。

② 当修改样式的格式后，使用该样式的文档中的格式也会随着改变，避免重复修改。

（1）使用样式

利用样式可以提高文档排版的一致性，尤其在多人合作编写统一格式的文档或是对长文档生成目录时都是必不可少的。通过更改样式可建立个性化的样式。

例 5.9 编辑排版书的章、节和小节，可利用"标题 1"、"标题 2"、"标题 3"三级样式来统一格式化。然后通过"视图"|"显示"|"导航窗格"功能直观地展示文档的各层结构，如图 5.3.22 所示。

（2）创建和修改样式

当需要使用个性化的样式时，可以创建样式或对原有样式进行修改。

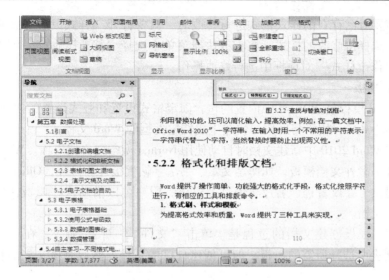

图 5.3.22　导航窗格例

　　创建样式的方法是，单击"开始"|"样式"功能区组右下角的"■■"按钮，打开"样式"任务窗格，如图 5.3.23 所示。单击左下角的"新建样式"按钮，弹出"根据格式设置创建新样式"对话框，如图 5.3.24 所示，在对话框中根据需求进行设置即可。

图 5.3.23　"样式"任务窗格　　　　图 5.3.24　"根据格式设置创建新样式"对话框

需要对已存在的样式格式进行修改时，只要打开"样式"任务窗格，在列表中选择待修改的样式，在右键快捷菜单中选择"修改"命令，即可在弹出的"修改样式"对话框中进行修改操作。

3. 模板

Word 模板是指 Word 中内置的包含固定格式设置和版式设置的模板文件，扩展名为 dotx，用于帮助用户快速生成特定类型的 Word 文档。

在 Word 2010 中新建文档时自动使用 Normal 型空白文档模板。Word 2010 还内置了多种文档模板，如博客文章、书法字帖模板等。另外，Office.com 网站也提供了会议日程、名片、信封等模板。用户可以借助这些模板快捷地建立相应文档。

利用模板创建文档的过程是，单击"文件"|"新建"命令，在"可用模板"列表中选择所需的模板，即可创建自己的文档，然后对该文档进行编辑和保存。

5.4 表格

在一份文档中，经常会使用表格或统计图表来呈现一些数据，从而可以简明、直观地传达思想和内容。在目前的文字处理软件中，对表格的处理包括建立、编辑、格式化、排序、计算和将表格转换成各类统计图表等功能。

例 5.10 在某学校各学年的计算机基础课程选课人数统计表中，有录入的原始数据，统计汇总结果，以及对表格样式的格式化设置，如图 5.4.1 所示。实际上，Excel 提供了更为丰富的表格处理功能，本节只作简述。

人数 课程 年	计算机基础课程						
	大学计算机基础	C/C++	VB.NET	数据库技术与应用	多媒体技术与应用	Web 技术与应用	计算机软件开发技术
2010	4017	2372	1107	1233	1357	874	1083
2011	3943	2077	1151	1492	1891	457	647
2012	4032	2240	1359	1405	1707	185	966
2013	4265	2038	1037	920	1264	126	900
平均	4064	2182	1164	1263	1555	411	899

图 5.4.1 表格例

Word 中的表格有两类：规则表格和无规则表格。建立表格的途径有许多种，可以通过命令生成、鼠标直接绘制、文本转换成表格以及插入 Excel 电子表格等。表格是由若干行和若干列组成的，行列的交叉点称为单元格。单元格内可以输入字符，插入图形，甚至还可以插入另一个表格。

5.4.1 建立表格

表格建立可通过"插入"|"表格"下拉按钮，如图5.4.2所示。通过下拉列表可选择建立表格的方法，下面介绍最常用的3种。

微视频5-10：
建立表格

1. 建立规则表格

主要有如下两种建立规则表格的方法：

（1）拖曳鼠标生成有规律表格，直接在图5.4.2的上方拖曳鼠标，生成6×4的表格。

（2）单击"插入表格"命令，打开其对话框，如图5.4.3所示，输入表格的行数、列数，生成规则表格。

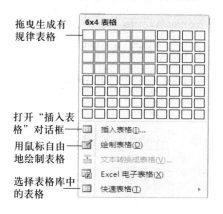

图5.4.2 拖曳鼠标生成表格

图5.4.3 "插入表格"对话框

2. 建立无规则表格

在图5.4.2的列表中选择"绘制表格"命令，鼠标会变成一支笔的形状" ✐ "，每次拖曳鼠标可以自动生成一个表格或一根直线（水平线、竖直线或对角线）。绘制无规则表格时，一般先拖曳鼠标获得最外面的表格框，然后通过拖曳出竖直线、水平线分隔出各种小单元格。动态"表格工具"|"设计"选项卡下，" ▧ "绘制表格按钮可以增加表格线，" ▨ "擦除按钮可以删除表格线。利用这两个按钮，可以方便自如地绘制无规则表格，如图5.4.4所示。

3. 将文本转换为表格

文本转换为表格的前提是，文本内容之间

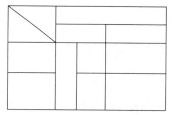

图5.4.4 绘制的无规则表格

有西文字符作为分隔符或者内容的排列是有规律的。

例 **5.11** 将记录有学生成绩的文本文件，如图 5.4.5（a）所示，转换为表格形式。

实现方法：选中文本后，单击"插入"|"表格"|"文本转换成表格"命令，打开"将文字转换成表格"对话框，如图 5.4.5（b）所示。系统已经自动识别规律为 4 列 6 行，逗号分隔。单击"确定"按钮后即可转换成规则表格，如图 5.4.5（c）所示。

姓名	数学	外语	计算机
吴华	98	77	88
钱玲	88	90	99
张家鸣	67	76	76
王平	98	86	88
李力力	98	77	90

(a) 文本　　　　　　(b) "将文字转换成表格"对话框　　　　　(c) 转换后结果

图 5.4.5　文本转换为表格过程

注意：若要将表格转换为文本，只要将插入点定位在表格的任意单元格，单击动态"表格工具"|"布局"|"数据"|"转换为文本"按钮，在弹出的"表格转换成文本"对话框中，如图 5.4.6 所示，选择文字分隔符即可。

在表格建立好后，可在单元格内输

入文字、图形等内容。按 Tab 键可以使　　图 5.4.6　"表格转换成文本"对话框

插入点快速移动至下一单元格；按 Shift + Tab 组合键则可以使插入点移动至前一单元格；也可以通过鼠标直接定位于所需的单元格。值得注意的是，当插入点位于表中最后一个单元格时，此时按 Tab 键，Word 将为此表自动添加一行。

5.4.2　编辑表格

表格的编辑主要包含增加、删除行（列或单元格），单元格合并和拆分，表格拆分等操作。与文本编辑一致，表格的编辑也遵循先选定后操作的原则，首先要选定待编辑的对象，然后进行相关操作。

1. 选择表格对象

在表格中，每一列的上边界（列上边界实线附近）、每个表格的左边界（行或单元格）有一个看不见的选择区域。选定表格对象常用鼠标进行操作，如表5.4.1所示。

表5.4.1 选定表格编辑对象

选定区域	鼠标操作
一个单元格	鼠标指向单元格左边界的选择区时，鼠标指针呈 ↗ 形状，单击可选择该单元格
整行	鼠标指向表格左边界的该行选择区时，鼠标指针呈 ◢ 形状，单击可选择一行
整列	鼠标指向该列上边界的选择区域时，鼠标指针呈 ↓ 形状，单击可选择此列
整个表格	单击表格左上方的"⊞"形状
多个单元格	按住鼠标左键，从左上角单元格拖曳至右下角单元格

选定表格对象除了直接用鼠标拖曳操作，还可以利用快捷菜单的"选择"命令，进行相关选择，如图5.4.7所示。

2. 编辑表格

选定全部或部分表格对象后，就可进行编辑工作，常用的编辑方法如下：

① 快捷菜单命令编辑。按右键在快捷菜单中选择相关编辑命令，如图5.4.7所示。

② 鼠标操作。插入点定位在表格处，显示动态"表格工具"|"设计"选项卡的绘制表格按钮"⬚"、擦除按钮

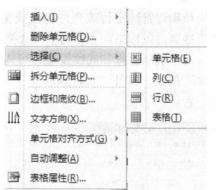

图5.4.7 表格编辑快捷菜单

"⬚"，直接利用鼠标进行绘制或删除操作。

③ 命令按钮。利用动态"表格工具"|"布局"|"合并"功能区组的编辑按钮，如图5.4.8所示。若单击"拆分单元格"按钮，则弹出"拆分单元格"对话框，进行拆分设置，如图5.4.9所示。

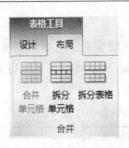

图 5.4.8 "合并"功能区组　　　图 5.4.9 "拆分单元格"对话框

5.4.3 表格的格式化

表格的格式化分为对表格外观的格式化和对表格内容的格式化两种。

1. 表格外观的格式化

表格整体外观的格式化包括相对页面水平方向的对齐方式、行高列宽设置等。可通过定位在表格，在快捷菜单中选择"表格属性"命令，打开"表格属性"对话框，如图 5.4.10 所示，进行相应的设置。其中"表格"、"行"、"列"选项卡说明如下：

（1）"表格"选项卡

表格相对页面的对齐方式的设置。

（2）"行"、"列"选项卡

精确设置选定行或列的高度或宽度；对表格行高、列宽的粗略调整，可以直接通过鼠标指向表格边框线处拖曳即可。

对于表格边框和底纹设置，可先选定表格，在快捷菜单中选择"边框和底纹"按钮，打开"边框和底纹"对话框，如图 5.4.11 所示，进行所需格式的设置。

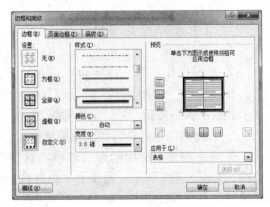

图 5.4.10 "表格属性"对话框　　　图 5.4.11 "边框和底纹"对话框

2. 表格内容的格式化

内容的格式化主要包括字体、对齐方式（水平与垂直）、缩进、设置制表位等内容，这些与文本格式化的操作基本相同。图 5.4.12 显示了"表格工具"|"布局"|"对齐方式"功能区组的各种选项。

3. 表格样式

Word 2010 为用户提供了数十种内置的表格样式，样式包括了表格的边框、底纹、字体、颜色等，使用时只要选中所需的样式，就可快速地格式化表格，方法是在动态"表格工具"|"设计"选项卡下直接选用"表格样式"功能区组中的格式，如图 5.4.13 所示。

图 5.4.12 "对齐方式"功能区组

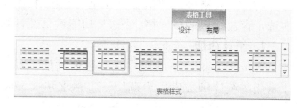

图 5.4.13 "表格样式"功能区组

4. 表格与文本混排

在 Word 文本中插入表格，默认是左对齐的方式。如果要改变对齐方式，可以先选中表格或将插入点定位在表格中，在快捷菜单中选择"表格属性"命令，打开其对话框，如图 5.4.10 所示，在"表格"选项卡进行对齐方式的选择，实现表格与文本的合理混排。

5.4.4 表格数据处理

Word 提供了对表格中数据的简单处理功能，主要包括数据统计和排序，可以通过动态"表格工具"|"布局"|"数据"功能区组的"公式"、"排序"等按钮来实现。

微视频 5-13：
表格的数据处理

1. 相关概念

为了处理表格中的数据，首先涉及对表格中单元格的引用。同 Excel 软件一样，表格中每一列号依次用字母 A，B，C，…表示，每一行号依次用数字 1，2，3，…表示，列、行号的交叉点为单元格号（或称单元格地址），例 B3 表示第 2 列第 3 行的单元格。表 5.4.2 列出了函数自变量的多种表达形式。

当然，Word 中对表格数据的处理能力远低于 Excel，表现在以下两点：

（1）对于不同单元格进行相同的统计功能时，Word 并不提供"填充"功能，即必须对多个单元格重复编辑公式或调用函数，编辑效率较低。

表 5.4.2　函数自变量的多种表示形式

函数自变量形式	含　　义
单元格 1：单元格 2	以单元格 1 为左上角，单元格 2 为右下角表示的矩形区域 例 A1:B3，表示有 6 个单元格的区域
单元格 1，单元格 2	以逗号分隔的单元格列表 例 A1，B3，表示仅两个单元格
LEFT、RIGHT ABOVE、BELOW	关键字，表示左侧、右侧、上面、下面的单元格

（2）当表格中的数据发生变化时，统计结果不会进行自动更新，必须依次选定存放结果的单元格，按 F9 功能键重新计算。

2. 统计功能

Word 中提供了在表格中进行数值的加、减、乘、除等计算功能；还提供了常用的统计函数供用户调用，包括求和（Sum）、平均值（Average）、最大值（Max）、最小值（Min）、条件统计（If）等，这些统计功能都是通过带有等号开始的公式来实现的。

例 5.12　根据学生成绩表，统计每个人的总分和每门课的平均分。

实现方法：

（1）将插入点定位在存放结果的单元格，即第一个学生总分的单元格，如图 5.4.14 所示。然后单击动态"表格工具"｜"布局"｜"数据"｜"公式"按钮，打开"公式"对话框，如图 5.4.15 所示。

姓名	数学	外语	计算机	总分
吴华	98	77	88	
钱玲	88	90	99	
张家鸣	67	76	76	
王平	98	86	88	
李力力	98	77	90	

图 5.4.14　学生成绩例

图 5.4.15　"公式"对话框

（2）在"公式"对话框中的"公式"文本框中输入" = SUM（LEFT）"，参数"LEFT"表示当前单元格左侧的所有数值型单元格区域；用户也可在"粘贴函数"列表中选择所需的函数并输入参数。在"编号格式"列表中设置输出的格式，如数字类型、保留小数位数等。用户也可自行在"公式"文本框中输入计算公式，如" = B2 + C2 + D2"，同样也表示计算第一位学生的总分。

（3）公式复制。在完成第一位学生总分以及第一门课程平均分的计算后，如果需要计算其余学生的总分以及其余课程的平均分，可通过公式复制提高效率。方法是首先选中已输入公式的单元格，将其公式内容复制到所有其他同类单元格中，然后逐一选中这些单元格，在快捷菜单中重复执行"更新域"命令即可完成所有的同类计算，如图 5.4.16 所示。

注意：要使"更新域"命令有效，函数参数必须是保留字 LEFT、RIGHT、ABOVE、BELOW 四个之一，也就是相对地

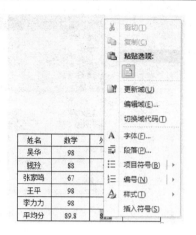

图 5.4.16　复制公式的统计例

址的引用；若用单元格号作为参数，相当于绝对地址引用，此时的"更新域"命令将不起作用。

"域"中存放的是公式，在"公式"对话框中可编辑和查看公式，单击单元格看到的是公式计算后的结果，以灰色底纹显示。

3. 表格的排序

除了统计计算外，Word 还可对表格按数值、笔划、拼音、日期等方式进行升序或降序排序。同时，还可选择多列排序，即当被排序的列（称为主关键字）的内容有多个相同的值时，可对另一列（称为次关键字）进行排序，最多可选择 3 个关键字排序。

例 5.13　对于学生成绩的表格数据（见表 5.4.3），按数学成绩降序排序，若数学成绩相同再按外语成绩降序排序，若仍相同则再按计算机成绩降序排序。

实现方法：将插入点定位在表格，单击"表格工具"|"布局"|"数据"|"排序"按钮，打开"排序"对话框，进行相应的设置，如图 5.4.17 所示，排序结果如表 5.4.4 所示。

微视频 5-14：
表格的排序

表 5.4.3　排序前学生成绩表

姓名	数学	外语	计算机
吴华	98	77	88
张家鸣	67	76	76
钱玲	88	90	99
王平	98	86	88
李力力	98	77	90

表 5.4.4　排序后学生成绩表

姓名	数学	外语	计算机
王平	98	86	88
李力力	98	77	90
吴华	98	77	88
钱玲	88	90	99
张家鸣	67	76	76

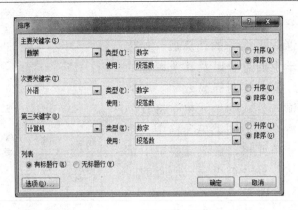

图 5.4.17   "排序"对话框

5.5   图文混排

文档不只是由文字、表格组成，作为一个功能强大的文字处理软件，Word 也不仅仅局限于处理文字、表格，还能处理在文档中插入各种图形，并实现图文混排。

实现图文混排，首先要插入所需的图形对象，然后对图形对象进行必要的编辑，最后进行图文混排的操作。

例 5.14   显示 Word 2010 中可插入的各种图形对象。

插入的对象有图片、剪贴画、图形、SmartArt 图、艺术字、屏幕截图、公式等，如图 5.5.1 所示。

图 5.5.1   插入的各类图形对象

要在文档中插入这些图形对象，一般通过"插入"选项卡的"插图"、"文本"、"符号"等功能区组的对应按钮，如图 5.5.2 所示。

图 5.5.2　"插入"选项卡的部分功能区组

5.5.1　插入图片和绘制图形

在 Word 中插入的图片主要有图片文件和剪贴画文件两类。

1. 插入图片

图片是指由图形、图像等构成的平面媒体。图片的格式很多，但总体上可以分为点阵图和矢量图两大类，常用的 BMP、JPG 等格式的图形都是点阵图形，而 SWF、PSD 等格式的图形属于矢量图形。

插入图片可通过如图 5.5.2 所示的"插入"｜"图片"按钮，在弹出的"插入图片"对话框中选择图片文件的类型、所存放的位置和文件名即可。

2. 插入剪贴画

剪贴画是用各种图片和素材剪贴合成的图片，特点是文件短小，图案造型化，以 wmf 为扩展名保存。

在文档中插入剪贴画，可通过"插图"｜"剪贴画"按钮，打开"剪贴画"任务窗格，如图 5.5.3 所示。在"搜索文字"文本框中输入待插入剪贴画的关键字，在列表中选中剪贴画单击即可插入。

3. 绘制图形

单击"插入"｜"插图"｜"形状"按钮，下拉列表中显示了 Word 2010 提供的各种图形。

待文档中插入图形后，可以在图形上添加文字。实现的方法是先选定图形，然后在快捷菜单中选择"添加文字"命令，即可输入文字，文字的字体、大小可以编辑。

图 5.5.3　"剪贴画"任务窗格

注意：每个绘制的图形都是对象，之间没有联系。若要将多个图形作为一个整体处理，则需要选定每个图形（按住 Ctrl 键单击每个图形），然后在快捷菜单中选择"组合"命令即可。组合后的图形若要修改，则需要先"取消组合"。

例 5.15　绘制各个图形，然后将图形组合成一个图形，组合过程如图 5.5.4 所示。

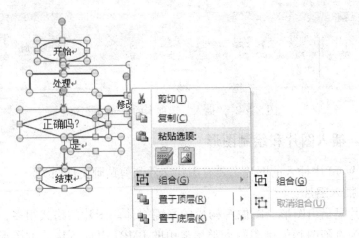

图 5.5.4 图形选定与组合

5.5.2 图片编辑、格式化和图文混排

图片在插入文档后，仍可根据用户需要进行缩放、裁剪、复制、移动、旋转等编辑操作，填充、边框线、颜色、对比度、水印等格式化操作，组合与取消组合、叠放次序、文字环绕方式等图文混排操作。这些操作都可以通过动态"图片工具"|"格式"选项卡的各功能区组来实现。

1. 编辑图片

（1）缩放图片

图片的缩放可以直接通过鼠标拖曳操作完成。选定图片后，图片四周会显示 8 个方向的控制点，如图 5.5.5 所示。鼠标指针移到任意控制点上后会变成双向箭头，拖曳鼠标就可对图片在该方向上进行缩放。

用户也可选定图片，通过动态"图片工具"|"格式"|"大小"功能区组中进行精确设置。

（2）裁剪图片

图 5.5.5 图片选中状态

裁剪图片也可以通过鼠标快捷地操作。选定图片后，在如图 5.5.6 的编辑快捷菜单中单击"⊹"裁剪按钮，这时所选定图片的 8 个方向控制点增加了对应的裁剪点，如图 5.5.7 所示，鼠标指向任意裁剪点拖曳可完成相应的裁剪。用户也可以选择快捷菜单的"设置图片格式"命令，在弹出的对话框中选择"裁剪"选项卡，进行裁剪操作。

此外，Word 2010 还增加了形状裁剪功能，可以按背景或按某特定形状进行裁剪。

微视频 5-15：
编辑图片

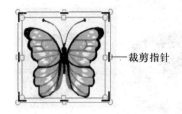

裁剪指针

图 5.5.6　编辑快捷菜单　　　　　图 5.5.7　裁剪图示

例 5.16　对插入的红花绿叶图片进行裁剪，剪裁后的效果如图 5.5.8 所示。

实现方法：

（1）背景裁剪。选中文档中已插入的图片（注意对"剪贴画"不起作用）如图 5.5.8（a）所示，通过动态"图片工具"|"格式"|"调整"|"删除背景"按钮就可删除花朵周围的绿叶，效果如图 5.5.8（b）所示。

(a) 插入原始图　　　　　(b) 删除背景　　　　　(c) 裁剪为六角星

图 5.5.8　形状裁剪例图

（2）多边形裁剪。选中图片，单击动态"图片工具"|"格式"|"大小"|"裁剪"下拉按钮，在列表中选择"裁剪为形状"选项，如图 5.5.9 所示。在打开的形状列表中选择"星与旗帜"中的"六角星"形状就可完成多边形裁剪，效果如图 5.5.8（c）所示。

图 5.5.9　"裁剪"列表

2. 格式化图片

插入的图片是个整体，对其格式化也只能作用于整体，包括应用"调整"功能区组进行图片色调改变，"图片样式"功能区组改变图片的外形等。这些操作可通过功能区组对应的功能按钮来实现。

例 5.17　以不同的样式展示文档中已插入的图片，效果如图 5.5.10 所示。

实现方法：选中图片，单击动态"图片工具"|"格式"|"图片样式"|"▾"快翻按钮，在打开的图片样例列表中选择所要求的样式。

(a) 柔化边缘椭圆

(b) 棱台透视

(c) 金属椭圆

(d) 居中矩形阴影

图 5.5.10 图片样式例

3. 图文混排

在 Word 2010 中插入的图片默认是嵌入型图，即占据了文本处的位置，不能随意移动，也不能图文混排；绘制的图形默认为浮动型图，可随意移动。为了使图片能随意移动或混排，必须将嵌入型图改为浮动型图。

（1）嵌入型图与浮动型图之间的调整

将嵌入型图设置为浮动型图，可以单击快捷菜单的"大小和位置"命令，弹出"布局"对话框，如图 5.5.11 所示，选择"文字环绕"选项卡，在"环绕方式"列表中将"嵌入型"设置为不同形式的浮动型图。

另外，也可以通过快捷菜单的"自动换行"子菜单或动态"图片工具"｜"格式"｜"排列"｜"自动换行"下拉按钮进行相应设置，"自动换行"列表如图 5.5.12 所示。

图 5.5.11 "布局"对话框

图 5.5.12 "自动换行"列表

图片被设置为浮动型后就可随意移动。若要将浮动型图调整为嵌入型图，则在图5.5.11或图5.5.12中选择"嵌入型"即可。

注意： 如果需要将文字和图片作为一个整体进行排版时，可插入文本框，在其中输入文字，同时将图片设置为非嵌入方式。然后选中图片和文本框，在快捷菜单中选择"组合"命令，就可以组合成一个整体，便于排版。

（2）设置环绕方式

浮动型图具有文字环绕图片的多种方式，只要在图5.5.11或图5.5.12中选择相应的环绕方式即可。

例5.18 在文档中插入图片，分别按"四周型"、"紧密型"、"浮于文字上方"、"衬于文字下方"方式环绕，效果如图5.5.13所示。

图5.5.13 文字环绕的4种效果

5.5.3 文字图形效果的实现

所谓文字图形效果，就是输入的是文字，但是能以图形方式进行编辑、格式化等处理。在 Word 2010 中，主要有首字下沉、艺术字和公式等效果。

1. 首字下沉

在报刊文章中，经常能看到文章首个段落的第一个字比较大，其目的是希望引起读者的注意，并由该字开始阅读。

为了实现这样的效果，可以通过"插入"|"文本"|"首字下沉"下拉列表选择首字下沉的形式。或者选择"首字下沉选项"命令，打开"首字下沉"

对话框，如图 5.5.14 所示，进行"位置"即下沉形式，"字体"，"下沉行数"，距正文距离等选项的设置。

　　例 5.19　将文本的首字设置成首字下沉 4 行、黑体字。图 5.5.14 为下沉设置，设置后的效果如图 5.5.15 所示。

图 5.5.14　"首字下沉"对话框　　　　　　图 5.5.15　下沉效果例

　　实现方法：插入点放在待实现首字下沉的段首，单击"插入"｜"文本"｜"首字下沉"｜"首字下沉选项"命令，打开"首字下沉"对话框，如图 5.5.14 所示，对首字下沉的位置（下沉）、字体（黑体）、下沉行数（4 行）等进行设置。

　　2. 艺术字

　　在任何文章中，为了达到美化效果，可以将一些文字以艺术化的形式展示出来。这可以通过单击"插入"｜"文本"｜"艺术字"按钮，在艺术字库中选择不同的填充效果，然后输入艺术字文本。当然，先输入文本，选中后再进行艺术字设置也可达到同样效果。

　　待插入艺术字后，可以在动态"绘图工具"｜"格式"选项卡（如图 5.5.16 所示）中各功能区组进行更多艺术字的美化工作。

图 5.5.16　"绘图工具"｜"格式"选项卡

　　（1）艺术字样式

　　设置艺术字文本填充、轮廓和文本效果。图 5.5.17 显示了"文本效果"列表展示的各类效果，其中"转换"选项下列出了艺术字的各种排列形状。

（2）插入形状

设置艺术字的背景轮廓形状，如图 5.5.18 所示。

（3）形状样式

设置艺术字的背景效果，包括背景填充、背景效果等，如图 5.5.19 所示。

注意：艺术字的字号、字体参数设置等与一般文字的处理方式相同，即通过"开始"｜"字体"功能区组的相应命令实现。

若设置了艺术字阴影，一般要设置背景轮廓后阴影效果才比较明显。

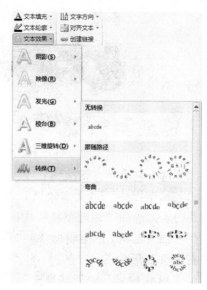

图 5.5.17 "文本效果"列表

图 5.5.18 "编辑形状"列表

图 5.5.19 "形状效果"列表

例 5.20 制作如图 5.5.20 所示的"艺术字效果例"，设置成具有圆弧形状文字效果、箭头轮廓和透视阴影的艺术字效果。

实现方法：

（1）插入艺术字。单击"插入"｜"文本"｜"艺术字"按钮，在列表中选择第 5 行第 2 列的艺术字样式，输入文本"艺术字效果例"。

图 5.5.20　艺术字例

（2）选中艺术字，切换到"绘图工具"|"格式"选项卡，进行美化工作。单击"艺术字样式"|"文字效果"下拉按钮，在列表中选择"转换"选项，打开其列表，选择"跟随路径"中的"上弯弧"效果。

在"插入形状"|"编辑形状"|"更改形状"列表中选择"箭头总汇"中的"右箭头"形状。

在"形状样式"|"形状填充"|"渐变"列表中选择"浅色变体"中的"线性向下"渐变颜色；在"形状效果"|"阴影"列表中选择"透视"中的"右上对角透视"选项。

3. 公式

在科学计算中，有大量的数学公式、数学符号需要表达，利用公式编辑器（Equation Editor）可以方便地实现。

例 5.21　建立如下数学公式：

$$S = \sum_{i=1}^{10} \left(\sqrt[3]{x_i - a} + \frac{a^3}{x_i^3 - y_i^3} - \int_3^7 x_i \mathrm{d}x \right)$$

微视频 5-18：
公式的使用

实现方法：

（1）单击"插入"|"公式"按钮，显示"公式工具"|"设计"选项卡，如图 5.5.21 所示，同时显示公式输入框。利用"符号"功能区组可以插入各种数学字符，"结构"功能区组可以插入一些积分、矩阵等公式符号，然后依次输入公式内容。

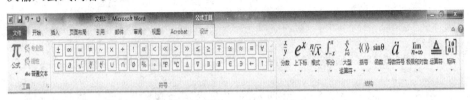

图 5.5.21　"公式工具"|"设计"选项卡

（2）输入完成后鼠标单击输入框外部，退出公式输入模式。若要对公式进行修改，直接单击公式处，在显示输入框后就可进行编辑。

用户也可在"工具"|"公式"下拉列表中选择系统已建立的内置公式。

注意：公式输入时，插入点光标的位置很重要，它决定了当前输入内容在公式中所处的位置。需要调整输入位置时，可以通过在所需的位置单击光标来实现。

5.6　Word 高效自动化功能

为了提高排版的效率，文字处理软件提供了一系列高效的自动化功能。这里介绍常用的长文档目录生成以及大量信函产生等功能，以提高工作效率。

5.6.1　长文档目录生成

书籍、论文往往都需要目录，以便全貌地反映文档的层次结构和主要内容，便于阅读。而且，所生成的目录的页码和正文的页码往往应该采用不同的页码形式分别计数。

例 5.22　为正文生成目录，同时将目录和正文以两种页码格式进行排版。

为实现上述要求，事先要做两项准备工作。

（1）准备工作

① 文档设置不同级的标题样式。一般目录分为 3 级，可利用"开始"｜"样式"中的"标题 1"、"标题 2"、"标题 3"进行格式化；也可以使用其他标题样式或自行创建样式。

② 文档分节设置不同页码格式。通常书稿目录的页码和正文的页码是用不同格式的页码分别标注的，这就要通过分节来设置不同的页码和格式。方法是，插入点定位在正文前，单击"页面布局"｜"页面设置"｜"分隔符"｜"下一页"命令，如图 5.6.1 所示，将文档分为两个节：前一节为空白页放目录，后一节为正文。对两个节插入不同格式的页码，起始页码都为第 1 页，页码显示的格式不同。如目录的页码格式为罗马字母表示的数字"Ⅰ、Ⅱ、Ⅲ"等。这样有了两个节，两个起始页码都从 1 开始编码。

（2）生成目录

单击"引用"｜"目录"｜"插入目录"命令，打开"目录"对话框，如图 5.6.2 所示。单击"选项"按钮可选择目录标题级别，选择显示级

图 5.6.1　"分隔符"下拉列表

微视频 5-19：
目录的生成

别等级后按"确定"按钮就可以生成所需目录,如图5.6.3所示。

图 5.6.2 "目录"对话框

图 5.6.3 生成目录例

5.6.2 邮件合并

在实际工作中,经常会遇到同时给多人发送会议通知、成绩单等工作,这些工作中内容、格式等基本相同,只是有些数据如姓名、成绩会不同,为提高工作效率,可利用 Word 提供的邮件合并功能快速实现。

邮件合并的过程包括 3 个步骤。

① 创建数据源。可变数据。

② 建立主文档。公共不变的固定内容。

③ 数据源与主文档合并。主文档中插入可变的合并域。

例 5.23 学校招生结束后要给每位新生发录取通知书,通知书的格式是基本相同的,由于学生人数多,因此可以通过邮件合并功能快速完成。

实现方法:

(1)准备工作

① 建立数据源。可以通过 Word、Excel 或 Access 等创建二维表的数据源,并保存文件。本例用 Word 建立的表格,有 5 个字段,分别为编号、姓名、学号、学院、学制,输入若干个新生的数据。

② 建立存放公共内容的主文档。主文档是指对合并文档的每个版面都具有相同的、固定不变的内容,类似于 Word 中大量建立好的模板。本例中为了保证录取通知书的严肃性,增加了学校校徽的水印和学校公章,效果如图 5.6.4 所示。

微视频 5-20:
邮件合并

图 5.6.4 建立的主文档

提示：

① 水印通过"页面布局"|"页面背景"|"水印"|"自定义水印"命令来设置。

② 学校公章制作通过艺术字功能，设置艺术字的"文本效果"为"圆"，然后插入"五角星"形状，填充色和线条颜色均为红色，插入"椭圆"形状，填充设置为"无"，线条颜色为红色。

（2）邮件合并

① 单击"邮件"|"开始邮件合并"|"选择收件人"下拉按钮，在列表中选择"使用现有列表"命令，打开已建立的数据源文件。

② 光标定位到要插入数据源的位置，选择"编写和插入域"|"插入合并域"下拉列表中的所需字段名（如图 5.6.5 所示）插入到主文档，效果如图 5.6.6 所示。

图 5.6.5　"插入合并域"

③ 单击"预览结果"|"预览结果"按钮，依次查看合并效果。

④ 单击"完成"|"完成并合并"下拉按钮，选择形成合并文档，如图 5.6.7 所示。

图 5.6.6　主文档中加入各合并域

图 5.6.7　将数据合并到主文档产生结果文档

思 考 题

1. 简述 Word 文字处理软件的功能。

2. 如果编辑新文档，不论执行"保存"命令还是"另存为"命令，都应打开什么对话框?

3. 新建文档时,默认的模板文档是什么?

4. 简述样式和模板的区别,各有什么优点?

5. 简述分节符的作用,如何查看分节符?如何删除分节符?

6. 如何对文档加页码?如何对文档加水印?

7. 简述浮动型图和嵌入型图的区别,两者如何相互转换?

8. 如何将多个图形对象组合成一个图形对象?

9. 在对长文档进行生成目录时,首先要做的工作是什么?

10. 邮件合并的优点是什么?

第6章 电子表格软件 Excel 2010

人们依赖计算机去解决日常工作、生活中遇到的各种计算问题，而这些计算又往往需要借助电子表格软件去解决。例如，会计人员需要利用电子表格对财务报表、工资账单等进行会计统计和财务分析；商业人士可以利用电子表格进行销售统计和消费特点分析；教师则利用电子表格记录学生成绩，进行教学质量的跟踪分析；家庭也可以利用电子表格掌握最新的家庭经济状况。总之，电子表格强大的数据处理功能可以帮助用户从烦琐、重复而又乏味的计算中解脱出来，将精力集中于后续的计算结果分析中，从而大幅提升工作的效率和效果。电子表格软件同文字处理软件一样，是最常用的操作软件之一。

本章介绍电子表格软件 Excel 2010 的基本概念、基本操作、函数和公式、格式化工作表、数据的管理和分析等。

6.1 电子表格软件概述

6.1.1 电子表格软件的发展

1977 年 Apple Ⅱ 微型计算机推出时，哈佛商学院的 MBA 学生丹·布莱克林等用 BASIC 编写了一个软件。他们最初的构想并不复杂，只是把画着行列线的空表格搬上屏幕，在格子里填充数据，然后由计算机自动进行统计汇总，这也是电子表格的雏形。1979 年 VisiCalc（即"可视计算"）面世并迅速推广。1982 年微软公司发布了功能更加强大的电子表格产品——Multiplan。随后，Lotus 公司的 Lotus1－2－3 凭借其汇集表格处理、数据库管理、图形处理三大功能于一体的优势，在市场上迅速得到推广使用。预见到了巨大的市场需求，从 1983 年起微软公司就开始尝试新的突破，他们将产品命名为 Excel，"超越"的中文含义显示出他们在电子表格市场上的理想和野心。经过不断努力，微软公司终于在 1987 年 10 月推出了全新的 Windows 版 Excel，由于 Excel 具有十分友好的人机界面和强大的计算功能，一经推出就获得巨大成功，不但在电子表格领域独领风骚，其市场地位也难以被撼动。它已成为国内外广大用户管理公司以及个人用户进行统计分析各类数据、绘制各种专业化表格和图表的得力助手。随着版本不断升级，Excel 的功能也在不断增强中，本章则以 Excel 2010 版为蓝本。

6.1.2 认识 Excel 2010 的工作界面

微视频6-1：
认识 Excel

首先，通过一个简单的例子来认识电子表格软件，并且掌握其基本使用方法。

例 6.1 录入学生的基本信息和 3 门课程的成绩，计算总分并给出相应评价，如图 6.1.1 所示。

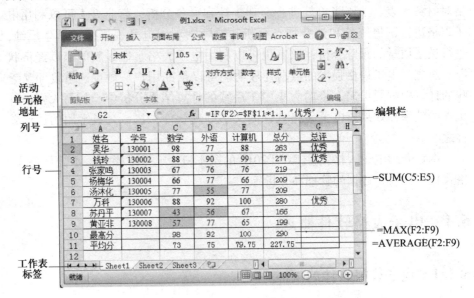

图 6.1.1 电子表格例

在这张表中需要进行的基本操作包括输入原始数据，即属于文本型数据的学号、姓名以及属于数值型数据的各课程成绩；进行各种统计工作，通过算术运算计算每个学生的总分、每门课程的平均分，随后再通过逻辑运算对每个学生的总分进行评价；最后进行表格格式化的视觉处理，例如加边框线，对不及格的成绩加底纹等。

从例 6.1 可以看到 Excel 工作界面与 Word 相似，有菜单栏、快速访问工具栏、功能区、功能区组等，对 Excel 电子表格来说，还有以下一些基本概念，在此进行简要介绍。

（1）工作簿（Book）

工作簿是用来存储并处理工作数据的。一个 Excel 文件就是一个工作簿，以 xlsx 的扩展名保存。一个工作簿可以由若干张工作表组成，初始默认为 3 张，表名分别为 Sheet1、Sheet2 和 Sheet3。工作表的重新命名可以通过双击工作表下方的标签处进入编辑状态，而右键单击标签处也可以对工作表进行重命名、添加、复制或删除等操作。

在 Excel 中，工作簿与工作表的关系就如同日常账本与账页之间的关系，一本账本是由若干账页组成的。当翻到某账页时就可查看和统计该页的内容，同样用户单击某工作表的标签时，也可以在屏幕上对该工作表的内容进行各种操作。

（2）工作表（Sheet）

工作表是 Excel 2010 窗口的工作主体，由若干行（行号 1~1 048 576）、若干列（列号 A，B，…，Y，Z，AA，AB，…，ZA，AAA，…，XFD，最大16 384 列）组成。

（3）单元格

行和列的交叉点为单元格，输入的数据保存在单元格中。每个单元格由唯一的"引用地址"来标识，即"列号行号"，例如"G2"表示第 G 列第 2 行的单元格。为了区分不同工作表的单元格，可在"引用地址"前加工作表名称，中间用感叹号分隔，例如"Sheet2！G2"表示"Sheet2"工作表的"G2"单元格。

（4）活动单元格

特指当前正在使用的单元格，是黑框高亮的区域，本例中"G2"为活动单元格。

（5）编辑栏

可以对单元格内容进行输入、查看和修改操作。在单元格输入数据或进行编辑时，编辑栏会出现两个按钮："✔"表示编辑确定，"✖"表示编辑取消。

6.2 Excel 2010 的基本操作

本节主要介绍工作簿中工作表的基本操作，包括数据的输入和编辑，公式和函数的运用以及格式化工作表的方式。

Excel 2010 是 Office 2010 的组件之一，其启动、退出操作与 Word 2010 类似，因此关于工作簿的建立、打开和保存等常规操作在此就不再重复介绍。

6.2.1 输入数据

1. 数据类型

Excel 2010 中所处理的数据分为以下 4 种类型，不同的数据类型对应不同的输入方式、显示格式和运算规则。

微视频 6-2：
数据的输入

（1）数值型

数值型数据除了数字（0～9）外，还可包括正负号（＋、－）、指数符号（E、e）、小数点（．）、分数（／）、千分位符号（，）等特殊字符。数值型数据可进行算术运算。

（2）日期型

Excel 内置了一些日期时间的格式，常见的日期时间格式为"mm/dd/yy"、"dd－mm－yy"、"hh:mm（AM/PM）"等。

（3）逻辑型

用于表示条件成立与否的数据，只有两个值：TRUE 和 FALSE。

（4）文本型

键盘上能够输入的任意符号，凡是不能被归类为前面 3 种数据类型的都被默认为文本型。

注意：区别这 4 种类型的最简单、直观的判断方法是，在没有作任何格式设置的情况下，在单元格输入数据，默认数值数据右对齐、逻辑数据居中对齐、文本数据左对齐、日期数据以日期格式显示并右对齐，如图 6.2.1 所示。

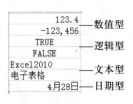

图 6.2.1　数据类型的默认对齐方式

2. 数据输入

数据的输入方法和准确性都会直接影响工作效率，因此有效的数据输入是第一步。Excel 提供了多种数据输入方法，如直接输入数据，利用"自动填充"有规律输入数据，外部数据导入等。

（1）直接输入数据

光标定位在待输入的单元格后直接键盘输入，同时在编辑栏可以观察到正在输入的数据。对于不同的数据类型，Excel 有以下不同的处理规则。

① 数值型数据要求在输入分数前加 0 和空格，以此区分系统默认的日期型数据。例如当要输入 3/4 时，在单元格里应输入"0 3/4"，否则按Enter 键后会显示 3 月 4 日。

此外，当输入的数值型数据长度超过 11 位或单元格的列宽时，数据会自动以科学计数法的形式显示。例如，在 C1 单元格输入 123451234512，则会以 1.235E+11 （小数位数由单元格宽度决定）显示，但是在编辑栏中仍可以看到原始输入的数据。

② 对于数字形式的文本型数据，如学号、身份证号等，需要在数字前加英文单引号，否则文本开头的所有数字 0 会自动省略，同时会被默认为以数值型数据存储。例如，在单元格输入"'1450001"，最终会以 1450001 的文本型数据显示和存储。

此外,当输入的文字长度超出单元格的列宽时,如其右边单元格里没有内容,那么该文字会顺延显示在右边单元格;反之若右边单元格已有内容,则该文字会被截断,无法完整显示。

(2)"自动填充"产生规律的数据

有规律的数据是指符合等差、等比或系统预定义的数据填充序列以及用户自定义的新序列。自动填充是指系统根据已输入的初始值自动决定以后的填充项。例如,在图 6.2.2 (a) 中,选中两个单元格,按住右下方的" + "填充柄往下拖曳,系统会根据两个单元格默认的等差关系(差值为4),在所拖曳到的空白单元格内依次填充符合规律的数据,拖曳后的效果如图 6.2.2 (b)所示。

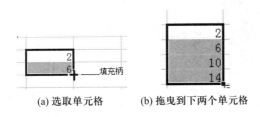

(a) 选取单元格　　(b) 拖曳到下两个单元格

图 6.2.2　等差数列填充例

自动填充有 3 种实现方式。

① 填充相同的数据。相当于快速复制数据。只需要选中一个目标单元格,直接拖曳填充柄沿水平或竖直方向拖动,便会产生与选定单元格相同的数据。

② 填充序列数据。单击"开始"|"编辑"|"填充"下拉按钮,在列表中选择"系列"命令,弹出"序列"对话框,设置合适的步长值,如图 6.2.3 所示。

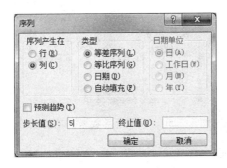

图 6.2.3　"序列"对话框

③ 填充用户自定义序列数据。在实际应用中,经常要输入一些文本,比

如专业名称、课程名称、商品名称等，为了提高输入效率，可以预先设置自定义序列类型，然后利用"填充柄"拖曳产生序列数据。

自定义序列的方法是，单击"文件"|"选项"命令，弹出"Excel 选项"窗口，选择左侧"高级"选项卡，在"常规"栏中单击"编辑自定义列表"按钮，弹出"自定义序列"对话框，如图 6.2.4 所示。可以在"输入序列"列表框中输入需要创造的新序列，实现添加自定义序列的目的，也可以单击"自定义序列"的序列进行编辑。

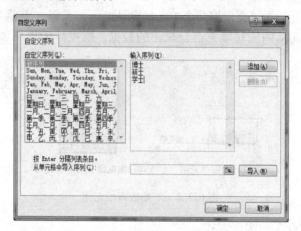

图 6.2.4 "自定义序列"对话框

使用时同填充相同数据的方式一样进行操作。

（3）导入外部数据

可以选择"数据"|"获取外部数据"功能区组的各个按钮导入其他格式的数据，包括 Access、SQL Server 等数据库文件，TXT 文本文件，XML 文件等，如图 6.2.5 所示。

图 6.2.5 "获取外部数据"功能区组

3. 输入有效数据

在进行大量数据输入时，为了防止非正常数据的错误录入，Excel 提供了"数据有效性"设置和检验功能。建议可以在输入数据前，通过"数据"|"数据工具"|"数据有效性"按钮设置有效数据的条件，阻止非法数据被误输入

的可能性。

例 6.2　对输入的学生成绩进行有效性检验，规定成绩在 0～100 之间，当输入成绩超出该范围时，弹出显示错误信息的对话框。

实现方法：首先选定待检验的单元格区域，单击 "数据" |"数据工具" | "数据有效性" 按钮，在 "数据有效性" 对话框的 "设置" 选项卡中设置输入数值的范围，如图 6.2.6（a）所示。同时，在 "出错警告" 选项卡中进行信息提示的设置，如图 6.2.6（b）所示。当数据输入超出数值设置的有效范围时，系统会弹出提示错误的对话框。

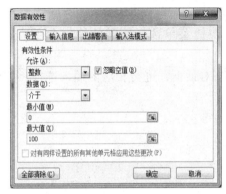 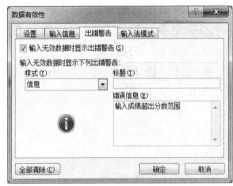

（a）"设置" 选项卡　　　　　　　（b）"出错警告" 选项卡

图 6.2.6　"数据有效性" 对话框

6.2.2　工作表的编辑

工作表的编辑是指对单元格或单元区域进行常规编辑和对工作表进行管理等工作。

1. 单元格的编辑

单元格的编辑主要包括对单元格内容的修改、清除、删除、插入、复制、移动、粘贴与选择性粘贴等，同时也涉及对单元格中的数据、公式和格式的编辑。

（1）选定单元格或区域

要对单元格或区域进行编辑，那么必须先得选定这些单元格，通过鼠标可以很便利地完成这个操作，表 6.2.1 列出了常用的选定操作。

表 6.2.1　常用的选定操作

选定范围	操作
单元格	鼠标单击所要选定的单元格

续表

选 定 范 围	操　　作
连续区域	鼠标拖曳所需区域；或者先选定首个单元格，然后按住 Shift 键再选定最后一个单元格
不连续区域	按住 Ctrl 键，鼠标选定不同区域
整行或整列	鼠标单击行号或列号处
整个工作表	鼠标单击工作表左上方行、列号交叉处的全选按钮

（2）编辑单元格或区域

在选定单元格或区域后，通过右键快捷菜单选择所需的编辑命令，如图 6.2.7 所示。例如：

• 选择"插入"命令，打开"插入"对话框，进行相应的插入选择，如图 6.2.8 所示。

图 6.2.7　快捷菜单

图 6.2.8　"插入"对话框

• 选择"删除"命令，打开"删除单元格"对话框，进行相应的删除选择，如图 6.2.9 所示。

• 选择"选择性粘贴"命令，打开如图 6.2.10 所示的"选择性粘贴"对话框。单元格内容特性较多，因此，相应的粘贴方式也比较多样，表 6.2.2 列出常用的选项以及相关说明。

图 6.2.9　"删除单元格"对话框

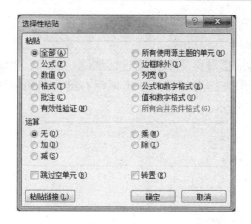

图 6.2.10 "选择性粘贴"对话框

表 6.2.2 "选择性粘贴"常用选项及说明

目的	选 项	含 义
粘贴	全部	默认设置,将源单元格所有内容和格式进行粘贴
	公式	只粘贴单元格公式而不粘贴格式、批注等
	数值	只粘贴单元格中显示的内容,而不粘贴其他属性
	格式	只粘贴单元格的格式,而不粘贴单元格内的实际内容
	批注	只粘贴单元格的批注,而不粘贴单元格内的实际内容
	有效性验证	只粘贴源区域中的有效数据规则
运算	无	默认设置,不进行运算,用源单元格数据完全取代目标区域中数据
	加、减、乘、除	源单元格中数据与目标单元格数据进行算术运算(加、减、乘、除)后再存入目标单元格
其他	跳过空单元	避免源区域的空白单元格取代目标区域的数值,即源区域中空白单元格不被粘贴
	转置	将源区域的数据行、列交换后粘贴到目标区域

注意:"清除内容"命令清除的是单元格中的内容,"开始"│"清除"下拉按钮有清除、全部、格式、内容和批注等选择,单元格本身还在;"删除"命令针对的对象是单元格,删除后所选取的单元格以及连同单元格里的数据都从工作表中消失。

编辑操作除了通过右键快捷菜单外,也可利用"开始"│"剪贴板"功能区组命令实现。方法是在复制的操作后,单击"粘贴"下拉按钮,在列表中选择所需要的粘贴操作，如图6.2.11所示。

2. 工作表的编辑

工作表的编辑是指对整个工作表进行删除、插入、重命名、复制和移动等操作，可通过指向工作表标签处单击鼠标右键，利用快捷菜单进行相应的操作，如图6.2.12所示。

图6.2.11 "粘贴"列表

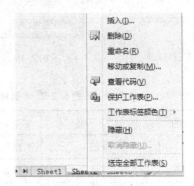

图6.2.12 工作表编辑快捷菜单

注意：要说明的是，移动操作若是作用于当前工作簿的工作表，直接通过鼠标拖曳工作表到目的位置就能实现；按住Ctrl键加鼠标拖曳则为复制功能。

若是操作作用于另一工作簿的工作表，则操作要复杂一些。

例6.3 将"学生.xlsx"文件中的"成绩"工作表复制到"学生备份.xlsx"文件中。实现方法：

（1）分别打开"学生.xlsx"、"学生备份.xlsx"文件。

（2）选中学生工作簿的"成绩"工作表，在图6.2.12所示的快捷菜单中选择"移动或复制"命令，弹出如图6.2.13所示的对话框，在"工作簿"下拉列表中选择"学生备份.xlsx"，在"下列选定工作表之前"列表中选择插入位置，若为复制，则将"建立副本"复选框选中。单击"确定"按钮。

图6.2.13 "移动或复制工作表"对话框

6.2.3 工作表的格式化

在工作表完成数据输入后，需要对工作表进行一定修饰，其中包括对表格设置边框线、底纹、数据显示方式、对齐等。格式化后的工作表将拥有更清晰、美观的视觉效果，这有利于突出观点、强调结论。

工作表的格式化一般可使用 3 种方式来实现：设置单元格格式、设置条件格式和套用表格格式。

1. 设置单元格格式

工作表格式化的实质是对单元格格式的设置。设置单元格格式，首先选定待格式化的区域，然后可通过"开始"选项卡下的"字体"、"对齐方式"、"数字"等功能区组进行直接设置，如图 6.2.14 所示；也可通过右键快捷菜单中的"设置单元格格式"命令，打开其对话框（如图 6.2.15 所示），选择相应的选项卡进行格式设置。

图 6.2.14 格式化工具功能区组

微视频 6-4：
单元格格式设置

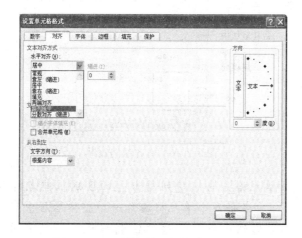

图 6.2.15 "设置单元格格式"对话框

（1）设置对齐方式

一般默认情况下，Excel 会根据人们输入的数据类型自动调节数据的对齐格式，比如文字内容向左对齐、数值内容向右对齐等。利用"设置单元格格式"对话框中的"对齐"选项卡可对所选中的单元格内容设置所需的对齐格式。各选项说明如下。

①"水平对齐"。设置数据在单元格水平方向的对齐方式，包括常规、靠左（缩进）、居中、靠右（缩进）、填充、两端对齐、跨列居中、分散对齐（缩进）。

②"垂直对齐"。设置数据在单元格垂直方向的对齐方式，包括靠上、居中、靠下、两端对齐、分散对齐。

③"文本控制"下的复选框可用来解决单元格中文字较长导致被"截断"的情况：

●"自动换行"。对输入的文本根据单元格的列宽进行自动换行。

●"缩小字体填充"。减小单元格中的字符大小，使文本数据的宽度与单元格的列宽相同。

●"合并单元格"。将多个单元格合并为一个单元格，和"水平对齐"列表中的"居中"选项结合，一般用于标题的对齐显示。在"对齐方式"功能区组的"合并后居中"按钮直接提供了该组合功能。

④"方向"。用来改变单元格中的文本旋转角度，角度范围为 $-90° \sim 90°$。

对齐示例如图 6.2.16 所示。

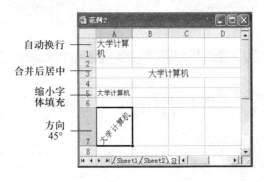

图 6.2.16 对齐示例效果

注意："合并单元格"与"跨列居中"的区别，前者将多个单元格合并为一个单元格，后者将多个单元格看作一个整体后居中显示。虽然显示的效果相似，但考虑到操作和调整的便利程度，一般采用"跨列居中"方式。

（2）设置数字格式

Excel 提供了大量的数字格式，常用的分类有常规、数值、货币、日期等。数值类常用的设置有小数位数、百分号等。

注意： 使用了设置数字格式后，单元格有可能会显示"#####"，这主要是由于数字格式的设置更改后，数据所显示的宽度有所增加，在原来的单元格列宽下无法完整显示。当然，完整的数据仍存在单元格中，具体数值仍可通过编辑栏观察到。调整列宽后，数据就能重新完整显示出来。

（3）设置列宽、行高

列宽、行高的粗略调整用鼠标来完成最为便捷。鼠标指向待调整列宽的列标的分隔线上（调整行高至行标分隔线上），当鼠标指针变成一个双向箭头的形状时，可拖曳分隔线至目标位置。

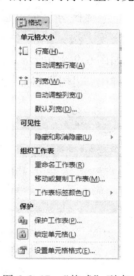

列宽、行高的精确调整可单击"开始"|"单元格"|"格式"下拉按钮，在下拉列表（如图 6.2.17 所示）中选择行高和列宽的设置。

"格式"列表中的几个选项说明如下。

① "列宽" 或 "行高"。在 "列宽" 或 "行高" 对话框中输入所需的宽度或高度值。

② "自动调整列宽"。可以将整列的列宽设置成该列最宽数据的宽度。该命令的效果等同于鼠标选中该列的列标，待双向箭头出现后双击左键。最重要的是，两种操作都不局限于单列列宽的调整，选中多列重复以上操作可以同时完成所有列

图 6.2.17　"格式"列表

的列宽自动调整。同样地，"自动调整行高" 则是选取行中最高的数据作为高度自动调整。

③ "隐藏和取消隐藏"。可以将选定的列或行隐藏或者取消隐藏，该子菜单如图 6.2.18 所示。

图 6.2.18　"隐藏和取消隐藏" 子菜单

例 6.4　将表中的 C、D 两列的内容隐藏，随后取消隐藏。

实现方法：选定 C、D 两列，选择 "隐藏和取消隐藏"|"隐藏列" 命令即可。若要恢复被隐藏的列，只要同时选中被隐藏列的左、右相邻两列，即

B、E 两列，在快捷菜单中选择"隐藏和取消隐藏"|"取消隐藏列"命令，就可以让中间隐藏的列重新显示出来。

2. 设置条件格式

设置条件格式是指根据某些特定的条件，动态地显示出设定的格式，这在实际操作中是一个非常实用的功能。

例6.5 在打印大量学生成绩单时，一般无法批量地将不及格成绩用传统的红色字体区分显示出来。利用"设置条件格式"的功能实现这一操作。

实现方法：单击"开始"|"样式"|"条件格式"下拉按钮，显示下拉列表，如图 6.2.19 所示。选择"突出显示单元格规则"子菜单和"小于"命令，弹出"小于"对话框，设置数值即可，如图 6.2.20 所示。

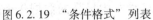

图 6.2.19 "条件格式"列表　　　　　图 6.2.20 "小于"对话框

对不及格的成绩用底纹醒目地显示出来，效果如图 6.1.1 所示。

3. 套用表格格式

Excel 提供许多预定义的表格格式，可以快速地格式化整个表格，这可通过"开始"|"样式"|"套用表格格式"按钮来实现。

6.3 使用公式与函数

如果电子表格中只是输入一些数值和文本，文字处理软件完全可以处理。但是在大量数据表格中，统计计算工作是不可避免的，Excel 强大的功能也正体现在其计算能力上。通过在单元格中输入公式和函数，可以对表中数据进行求和、平均、汇总以及其他更为复杂的运算。同时，数据修改后相关公式的计算结果会自动更新，可以有效避免因为需要用户手工操作而导致的烦琐工作甚至遗漏。

在 Excel 的工作表中，涉及的计算都是用公式和函数来实现的。本章的例 6.1 中，已经展示了对学生成绩的统计，分别调用了 SUM( ) 函数求每人总分、IF( ) 函数对每人总分进行评价，另外还调用了 MAX( )、AVERAGE( ) 函数去获得每门课程的最高分和平均分。

6.3.1　使用公式

公式是对有关数据进行计算的算式。在 Excel 中，公式以 "＝" 开头，由操作数（如常量、单元格引用地址、函数等）与运算符组成。例如，例 6.1 中求学生各课程的总分调用函数为 "＝SUM(C5 : F5)"，也可以用公式来实现，即 "＝C5 + D5 + E5 + F5"。

公式一般在编辑栏输入，在单元格看到的是公式运算的结果。

微视频 6-7：
公式

1. 运算符

公式中常用的运算符可以分为 4 种类型，即算术运算符、文本运算符、关系运算符、逻辑运算符等。表 6.3.1 列出了常用的运算符。

表 6.3.1　运　算　符

运算符名称	符号表示形式及意义
算术运算符	＋（加）、－（减）、＊（乘）、/（除）、%（百分号）、^（乘方）
文本运算符	&（字符串连接）
关系运算符	=、>、<、>=、<=、<>
逻辑运算符	NOT（逻辑非）、AND（逻辑与）、OR（逻辑或）

当多个运算符同时出现在公式中时，Excel 对运算符的优先级做了如下严格规定。

① 算术运算符中从高到低分 3 个级别：百分号和乘方、乘除、加减。

② 关系运算符优先级相同。

③ 逻辑运算符最高为逻辑非，其次是逻辑与，最低为逻辑或。

四类运算符又以算术运算符优先级最高，文本运算符次之，随后为关系运算符，最低为逻辑运算符。当然，也可通过增加圆括号改变运算的优先次序。

例 6.6　根据图 6.3.1 的部分职工数据计算奖金情况，已知奖金是由两部分组成：每一年工龄加 10 元和工资的 18%。

实现方法：在编辑栏对第一个职工的奖金单元格输入计算奖金的公式，如 "黄亚非" 职工的奖金计算公式为 "＝E2 ＊ 10 + F2 ＊ 0.18"，如

图 6.3.1 的编辑栏，其余职工的奖金情况只要利用自动填充的方式就能快速完成。

插入函数　输入公式

	G2		f_x		=E2*10+F2*0.18	
	A	B	C	D	E	F	G
1	姓名	性别	年龄	职称	工龄	工资	奖金
2	黄亚非	男	52	工人	35	3,580	994.40
3	吴华	女	33	助工	5	2,420	
4	汤沐化	男	34	工程师	8	3,489	
5	马小辉	男	29	工人	10	2,390	
6	钱玲	女	40	助工	18	2,450	
7	张家鸣	男	35	助工	11	2,455	
8	王晓若	男	34	工程师	9	3,502	

图 6.3.1　公式输入例

2. 单元格引用

在 Excel 中，公式或函数的使用十分灵活方便，很大程度上是得益于单元格的引用和对单元格公式的复制以及填充柄的使用上。所谓单元格引用，是指在公式中将单元格的地址作为变量来使用，而变量的值就是相应单元格中的数据。

在公式复制时，根据其中所引用的单元格的地址是否会自动调整，可将单元格的引用分为 3 种方式，即相对引用、绝对引用和混合引用。

（1）相对引用（或称相对地址）

相对引用是当公式在复制、移动时会根据移动的位置自动调节公式中所引用单元格的地址。相对引用是单元格引用的默认方式，也是最常使用用的。

相对引用形式：列号行号，如 A1、C2、B2:F4 等。

例 6.7　在例 6.6 中，求每个职工奖金的操作过程是在第一个职工的奖金单元格输入计算公式，然后利用"填充柄"拖曳获得每个职工的奖金情况。由于公式中使用的是相对引用，因此，在拖曳过程中第二个职工奖金的计算公式中所引用单元格的地址自动进行了调整，如图 6.3.2 所示。

（2）绝对引用（或称绝对地址）

所谓绝对引用就是当公式或函数在复制、移动时，绝对引用单元格将不会随着公式位置的变化而改变。

绝对引用形式：$ 列号 $ 行号，也就是在行号和列号前均加上"$"符号，如 $A$1、$C$2 代表绝对引用。

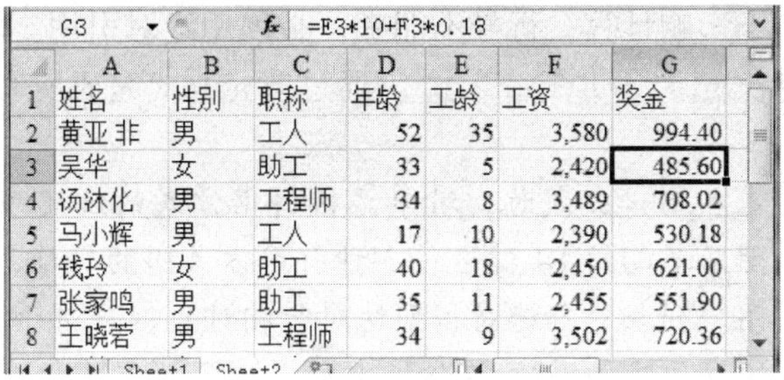

G3 =E3*10+F3*0.18

	A	B	C	D	E	F	G
1	姓名	性别	职称	年龄	工龄	工资	奖金
2	黄亚非	男	工人	52	35	3,580	994.40
3	吴华	女	助工	33	5	2,420	485.60
4	汤沐化	男	工程师	34	8	3,489	708.02
5	马小辉	男	工人	17	10	2,390	530.18
6	钱玲	女	助工	40	18	2,450	621.00
7	张家鸣	男	助工	35	11	2,455	551.90
8	王晓菅	男	工程师	34	9	3,502	720.36

图 6.3.2 相对引用例

例 6.8 绝对引用和相对引用举例。对例 6.7 中每个职工的工资进行评价，评价条件是工资高于平均工资 10% 的视为高工资，并注释出来，不符合条件的则不注释。

实现方法：首先计算职工的平均工资，然后在“评价”栏利用 IF 条件函数对每个职工的工资进行判断并注释，判断所调用的函数为“ = IF(F2 > = $F$9 * 1.1,"高工资","")”，最后利用填充方式即可完成所有员工的工资评价，如图 6.3.3 所示。

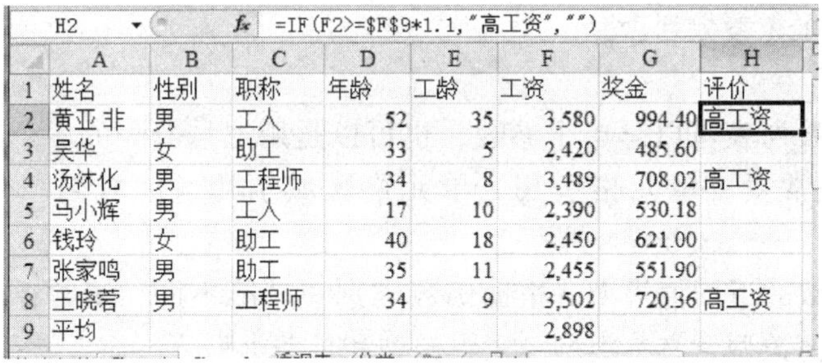

H2 =IF(F2>=$F$9*1.1,"高工资","")

	A	B	C	D	E	F	G	H
1	姓名	性别	职称	年龄	工龄	工资	奖金	评价
2	黄亚非	男	工人	52	35	3,580	994.40	高工资
3	吴华	女	助工	33	5	2,420	485.60	
4	汤沐化	男	工程师	34	8	3,489	708.02	高工资
5	马小辉	男	工人	17	10	2,390	530.18	
6	钱玲	女	助工	40	18	2,450	621.00	
7	张家鸣	男	助工	35	11	2,455	551.90	
8	王晓菅	男	工程师	34	9	3,502	720.36	高工资
9	平均					2,898		

图 6.3.3 绝对引用、相对引用例

注意：对评价的条件即平均工资，必须使用绝对引用，而每个人的工资必须使用相对引用，否则难以通过填充方式快速获得每个职工的评价，具体什么原因？请读者思考。

(3) 混合引用（或称混合地址）

混合引用是指单元格地址的行号或列号前有一个加上了“ $ ”符号，如 $A1 或 A$1，即在拖曳中引用地址分别锁定了第 A 列或第 1 行。当公式在复制、移动时，混合引用是上述两者的结合。

例 6.9 混合引用例。对于例 6.8 中要求完成的对每个职工的工资评价，使用混合引用替换绝对引用也能达到同样效果。

分析：因为在复制过程中列号没有改变，因此列号可以用相对引用也可以用绝对引用，不影响计算；行号不能变，必须用绝对引用。H2 单元格的公式为：`fx` `=IF(F2>=F$9,"高工资","")`。通过填充方式完成所有员工的工资评价，效果同图 6.3.3。

注意：在输入和编辑公式时，对单元格引用方式的改变可通过先选中单元格引用地址，然后不断按 F4 键进行 3 种引用方式间的转换，次序依次为相对引用、绝对引用、列相对行绝对、列绝对行相对。例如对于 E2 单元格，其引用方式的转换次序依次为 E2、\$E\$2、E\$2、\$E2。

6.3.2 使用函数

一些复杂的运算如果由用户自己来设计公式进行计算将会很麻烦，比如例 6.9 中如果不使用 IF 语句的情况下对每个职工的工资进行评价；有些甚至无法做到，如开平方根等。Excel 提供了许多内置函数，为用户处理数据带来很大的便利。这些函数所涵盖的范围包括财务、日期与时间、数学与三角函数、统计、查找与引用、数据库、文本、逻辑、信息等。

微视频 6-8：
函数

1. 函数调用

函数调用的语法形式为：

函数名称（参数列表）

其中

（1）参数列表可以是单个参数，也可以是用逗号分隔的多个参数。参数形式可以是常量、单元格引用、单元格区域引用、区域名、公式或其他函数。

（2）函数的返回值类型。根据函数类别和功能不同，函数返回值类型也不同，有数值类型、文本类型、逻辑类型和日期类型等。

2. 函数输入

函数输入有两种方法：

（1）插入函数向导，在向导的提示下，依次选择函数类型、函数名和参数。

① 选择函数类型。单击编辑栏的插入函数按钮"`fx`"，弹出"插入函数"对话框，如图 6.3.4 所示，在"或选择类别"下拉列表中选择函数类型（默认为"常用函数"）。

② 选择函数名。在"选择函数"列表中选择所需插入的函数（本例为 SUM），单击"确定"按钮后打开"函数参数"对话框，如图 6.3.5 所示。

图 6.3.4 "插入函数"对话框

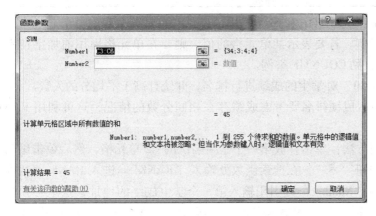

图 6.3.5 "函数参数"对话框

③ 确定函数参数。在"函数参数"对话框的"Number1"参数编辑框中输入参数，一般为单元格区域引用。单元格区域的引用形式为"区域左上角单元格：区域右下角单元格"，本例为"C3：C6"。

用户也可单击折叠按钮"![]"将对话框折叠起来，直接在工作表中用鼠标拖曳单元格区域去选定参数，然后再单击展开按钮"![]"，继续完成对话框。

（2）直接在编辑栏输入函数。对函数调用规则能够熟练掌握的用户，此方法最为便捷。

3. 常用函数的使用

表 6.3.2 列出了常用函数的使用和举例，函数返回值均为数值型，图 6.3.6 所示为原始数据和举例的结果（有底纹的为结果）。

表 6.3.2 常用函数例

函数形式	函数功能	举例
AVERAGE(参数列表)	求参数列表的平均值	= AVERAGE(B2:B9)
COUNT(参数列表)	统计参数列表中数值的个数	= COUNT(B2:B9)
COUNTIF(参数列表,条件)	统计参数列表中满足条件的数值个数	= COUNTIF(B2:B9, " > "&B12)
MAX(参数列表)	求参数列表中最大的数值	= MAX(B2:B9)
MIN(参数列表)	求参数列表中最小的数值	= MIN(B2:B9)
RANK(数值,参数列表)	数值在参数列表中的排序名次	= RANK(B2, $B$2:$B$9)
SUM(参数列表)	求参数列表数值和	= SUM(B2:B9)
SUMIF(参数列表,条件)	求参数列表中满足条件的数值和	= SUMIF(B2:B9," >80")

说明：COUNTIF 和 SUMIF 中的条件是一对英文双引号引起的常数值，见 SUMIF 举例。若要表示某单元格的值，则要在单元格引用前加字符串连接符号 "&"，见 COUNTIF 举例。

例 6.10 对学生的成绩进行排名，并统计高于平均分的人数。

分析：成绩排名要考虑成绩存在相同分数的情况，这可利用 RANK 函数来实现。

实现方法：单击存放第一个学生名次的 C2 单元格，然后单击编辑栏的插入函数按钮 " f_x "，在搜索函数处输入 "RANK"。进入 RANK 函数参数对话框后，在 "Number" 处引用输入第一个学生成绩的地址，这里必须是相对引用；在 "Ref" 处引用输入全部成绩区域，这里必须是绝对引用，如图 6.3.7 所示，单击 "确定" 按钮后获得第一个学生在成绩区域的名次。最后利用填充方式获得全部学生的排名，效果如图 6.3.6 所示。

图 6.3.6 表 6.3.2 函数效果　　　　　图 6.3.7 "函数参数" 对话框

要统计高于平均分的人数，首先要求出平均分，利用 AVERAGE 函数很容易实现，见表 6.3.2。然后要统计高于平均分人数，这里要用到 COUNTIF 函数，可利用对话框实现，也可在编辑栏直接输入，如图 6.3.8 所示。

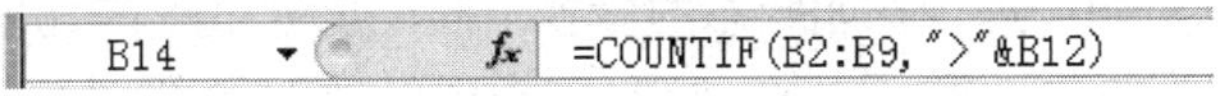

| B14 | ▼ | f_x | =COUNTIF(B2:B9,">"&B12) |

图 6.3.8　编辑栏输入例

注意：在 COUNTIF 函数中，"" >"&B12" 的 & 表示字符串连接符，本例的结果实际等同于 "" >75.625""，但如果在函数中直接写出具体的平均分值，一旦某些人的成绩出现变动，那么这个函数统计出的人数就不再准确。

常用函数不难掌握，在此仅介绍一些有特殊作用或相对复杂的函数。

（1）逻辑函数

Excel 中逻辑函数有很多，最常用的有 IF、AND 和 OR。

① IF 函数形式为：

IF(logical_test , value_if_true , value_if_false)

作用是根据 logical_test 逻辑计算的真与假，返回不同的结果。IF 最多可以嵌套 7 层逻辑判断，用 value_if_false 及 value_if_true 参数可以构造复杂的检测条件。

例 6.11　利用 IF 函数，将学生的百分制成绩以 60 分为分界，进行"通过"与"不通过"的两级评定。

实现方法：鼠标定位在存放结果的单元格，选择编辑栏的插入函数按钮"f_x"，在其对话框中根据提示进行输入，也可直接在编辑栏输入如下表达式：

= IF(B2 > =60,"通过","不通过")

当要对多个条件判断时，称为 IF 函数的嵌套使用，一般直接在编辑栏输入函数表达式。

例 6.12　将百分制成绩进行五级评定为优、良、中、及格和不及格。

实现方法：首先定位在存放结果的单元格，利用 IF 函数的嵌套，在编辑栏输入如下表达式：

= IF(B2 > =90,"优",IF(B2 > =80,"良",IF(B2 > =70,"中",IF(B2 > =60,"及格","不及格")))))

对其他学生的成绩评定，利用自动填充功能即可。

注意：IF 函数的嵌套关键要括号配对，否则系统会提出智能化的改进提示。

② AND 函数形式为：

AND(logical1 ,logical2 ,…)

作用是所有参数都为 TRUE 时，函数返回值才为 TRUE，否则函数返回值为 FALSE。

例 6.13　对职工进行在职状态的设置，假设规定年龄在 18 ~ 50 岁之间的为在职，否则为下岗。利用 AND 函数实现，函数调用如图 6.3.9 所示的编辑栏。

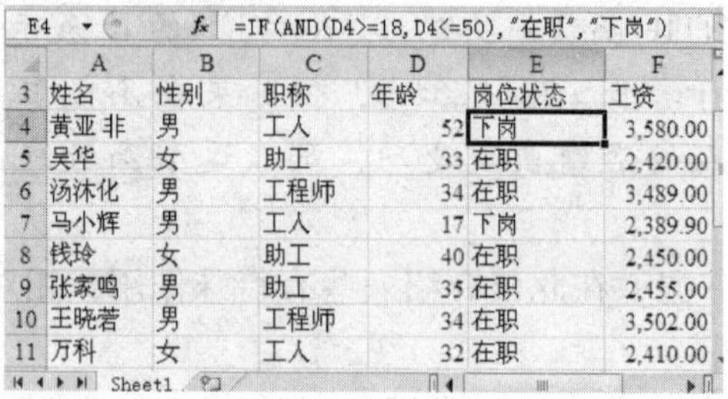
E4　=IF(AND(D4>=18,D4<=50),"在职","下岗")

	A	B	C	D	E	F
3	姓名	性别	职称	年龄	岗位状态	工资
4	黄亚非	男	工人	52	下岗	3,580.00
5	吴华	女	助工	33	在职	2,420.00
6	汤沐化	男	工程师	34	在职	3,489.00
7	马小辉	男	工人	17	下岗	2,389.90
8	钱玲	女	助工	40	在职	2,450.00
9	张家鸣	男	助工	35	在职	2,455.00
10	王晓蓿	男	工程师	34	在职	3,502.00
11	万科	女	工人	32	在职	2,410.00

Sheet1

图 6.3.9　AND 函数例

③ OR 函数形式为：

OR(logical1 ,logical2 ,…)

作用是当任何一个参数为 TRUE 时，函数返回值就为 TRUE，否则函数返回值为 FALSE。

对例 6.13 用 OR 函数实现如下，效果相同。

= IF(OR(D4 < 18 ,D4 > 50) ,"下岗" ,"在职")

(2) 财务函数

Excel 提供了丰富的财务分析函数，最常用的是 PMT 计算贷款本息偿还函数。

PMT 函数形式为：

PMT(rate ,nper ,pv[,fv ,type])

函数作用是，基于固定期间利率 rate，贷款偿还的周期 nper，贷款本金 pv，按等额分期付款方式，计算贷款的每期付款额；fv，type 一般省略为数字 0，fv 为未来值，或在最后一次付款后的现金余额；type 数字 0 或 1，用以指定各期的付款时间是在期初还是期末。

例 6.14　利用商业贷款来买房，已知贷款利率和贷款年份，计算每月的还款额。假设贷款 100 万元，年利息 6.80%，贷款 20 年，按月等额还款。

函数调用和效果如图 6.3.10 所示的编辑栏和单元格。

注意：使用该函数时单位要统一，如果是计算每月还款，则贷款期、年利率都要换算至月度数据。

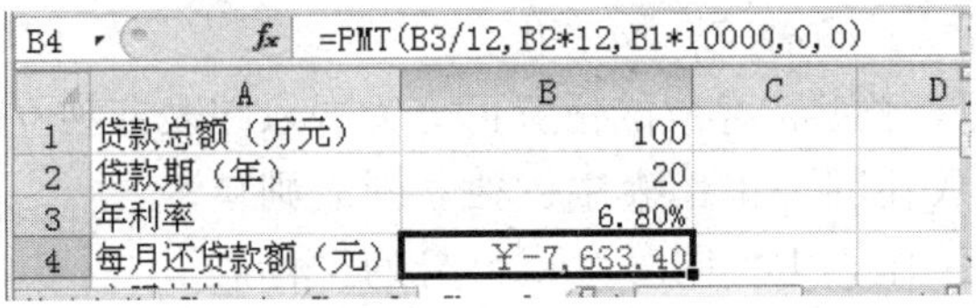

B4	▾	f_x	=PMT(B3/12, B2*12, B1*10000, 0, 0)		
	A		B	C	D
1	贷款总额（万元）		100		
2	贷款期（年）		20		
3	年利率		6.80%		
4	每月还贷款额（元）		￥-7,633.40		

图 6.3.10 PMT 函数例

6.4 数据的图表化

电子表格除了强大的计算功能外，还提供了将原始数据或统计结果以各种图表形式展现出来的信息可视化功能。该功能有助于更加直观、形象地展现数据的变化规律和发展趋势，成为决策分析的基本依据。实际操作中，当工作表中原始数据源发生变化时，图表中对应项的数据也会自动更新，图与表保持着高度的联动性。图 6.4.1 就是由数据源创建的图表。

微视频 6-9：
数据的图表化

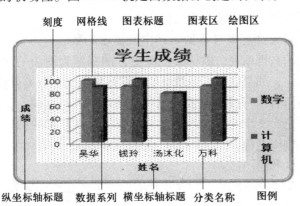

图 6.4.1 图表化例和各对象说明

6.4.1 认识图表

为了创建图表以及在此基础上进行编辑和格式化，首先必须对图表的相关知识有所了解，尤其图表中的对象很多，不能区分这些图表对象就无法根据需要生成理想的图表。

1. 图表的数据源

用于生成图表的数据区域称为图表数据源，一般来自工作表中的行或列，并按行或列分组构成相应的数据源数据。图 6.4.3 就是绘制图 6.4.1 图表前已经获得的数据源。

2. 图表类型

Excel 中的图表类型按存放的位置可分为嵌入图表和独立图表两种。嵌入图表与数据源存放在同一工作表中；独立图表则单独存放在另一个工作表中，同时生成自身的工作表标签（默认第一幅图表的名称为 Chart1）。

图表按类型可分为十几类，每一类又有若干种子类型。比如，按展示形式可分为二维图和三维图，图 6.4.4 显示了 Excel 提供的图表类型和子类型。

3. 图表对象

Excel 的图表实际上由一系列的图表对象构成。对于建立好的图表，选定图表后，在动态"图表工具"|"布局"选项卡的最左端下拉列表中列出图表对象，如图 6.4.2 所示。图表对象按数据、显示的性质可分以下几个部分。

（1）数据系列、图例和分类名称

图 6.4.2　图表对象列表

这些图表对象都是来自数据。其中数据源的数值区域为图表的数据系列，默认数据源上方的标题为图表的图例，最左侧的文本为分类名称，如果缺失，系统会给出默认的图例和分类名称。

数据系列由若干行或列组成，同一数据系列颜色相同。图例是用来标注数据系列的颜色、文字的示例，文字一般为每一列数据的标题。分类名称用来标注分类轴刻度名称。

（2）图表区和绘图区

图表区表示了整个图表，包含了所有图表对象；绘图区表示绘图的区域，改变绘图区大小可改变图形大小。

（3）轴、刻度和标题

二维图有横轴（分类轴或 x 轴）和纵轴（数值轴或 y 轴）。对于纵、横轴都有刻度，纵轴为数值刻度用网格线区分，横轴为分类轴刻度用分类名称区分。

对于图表也可添加说明性的标题，包括表示整个图表的图表标题，以及对数据进行说明的横坐标轴标题和纵坐标轴标题。

6.4.2　创建图表

在 Excel 中创建图表有两种方式：利用"插入"选项卡建立的图表默认为嵌入图表，通过 F11 功能键快速建立的图表为独立图表。若需要将嵌入图表转换为独立图表，只需选中图表并在快捷菜单中选择"移动图表"命令，在对话框中选择"新工作表"单选按钮即可。

一般常用嵌入图表，后面介绍的图表都以嵌入图表为例。

打开存放数据的工作表，选定用于绘图的数据源。然后单击"插入"│"图表"│"创建图表"按钮，在打开的"插入图表"对话框中选择所需的图表类型和子类型，也可直接在"图表"功能区组中选择所需图表类型的按钮。

例 6.15 根据学生成绩工作表中的各科目成绩，建立如图 6.4.5 所示的部分学生的数学和计算机两门课程成绩的柱形图。

实现方法：

（1）选定所做柱形图的数据源。按住 Ctrl 键，利用鼠标拖曳依次选定 4 名学生的姓名、数学、计算机字段，如图 6.4.3 所示。

（2）单击"插入"│"图表"│"创建图表"按钮，弹出"插入图表"对话框。在对话框左侧选择"柱形图"，右侧选择"三维簇状柱形图"选项，如图 6.4.4 所示。

	A	B	C	D	E	F
1	姓名	学号	数学	外语	计算机	总分
2	吴华	130001	98	77	88	263
3	钱玲	130002	88	90	99	277
4	张家鸣	130003	67	76	76	219
5	杨楠华	130004	66	77	66	209
6	汤沐化	130005	77	55	77	209
7	万科	130006	88	92	100	280
8	苏印平	130007	43	56	67	166
9	黄亚非	130008	57	77	65	199

图 6.4.3 图表化时选定的数据源　　图 6.4.4 图表类型和子类型

（3）确定后，所建立的图表作为嵌入图与数据源位于同一工作表中，对图表进行适当的缩放、移动即可，如图 6.4.5 所示。

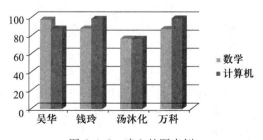

图 6.4.5 建立的图表例

注意：建立图表时，究竟是按行数据绘图还是按列数据绘图，需要用户能明确识图，清楚了解生成图表的数据源、图表类型、图表显示的形式等情况。即使在完成图表后，仍可以通过"图表工具"│"设计"│"数据"│"切换行/列"按钮来实现行、列绘图数据的切换进行调整，从而避免重新作图的尴尬。

6.4.3　编辑图表

在创建图表后，可根据用户的需要对图表进行修改，包括更改图表类型，编辑图表中各元素，例如数据的增加、删除等。

编辑图表需要在选定图表对象后，通过"图表工具"中的"设计"、"布局"选项卡的功能区组命令按钮来进行操作，或者也可通过快捷菜单中相关命令来实现。

1. 选定图表或图表对象

编辑图表首先需要选定图表或图表对象。选定图表很简单，单击图表即可；要选定图表对象则需先选定图表，然后通过下面两种方法中的任一种选定图表对象。

（1）选择"图表工具"|"设计"选项卡左边的图表对象下拉列表，如图 6.4.2 所示，选择待编辑的图表对象。

（2）鼠标指向图表对象，直接单击。

2. 改变图表类型

改变图表类型的方法是，选定图表，在右键快捷菜单中选择"更改图表类型"命令，在其对话框中选择待改变的图表类型和子类型。

3. 数据系列的编辑

在图表创建后，图表和创建图表的工作表数据源之间就建立了联系，当工作表中的数据源发生变化时，则图表中对应的数据系列也会自动更新，但是直接在图表上的修改并不会反过来改变数据源。

数据系列的编辑包括删除、添加、调整次序、切换行列等。

（1）删除数据系列

选定所需删除的数据系列，按 Delete 键即可把整个数据系列从图表中删除，不影响工作表中的数据源。

（2）添加数据系列

最方便的方法是选中数据源某单元格区域，按 Ctrl + C 组合键，然后选定待添加的目标图表，再按 Ctrl + V 组合键即可。

（3）调整数据系列的次序

选定图表，单击"图表工具"|"设计"|"数据"|"选择数据"按钮，弹出"选择数据源"对话框，如图 6.4.6 所示，在"图例项（系列）"中选定图例名称，利用"▲"上移或"▼"下移按钮可进行图表中数据系列位置的调整。

上移　下移

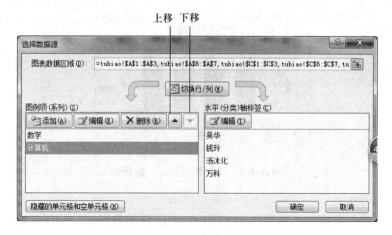

图6.4.6 "选择数据源"对话框

（4）改变行列显示

改变行列是指调整图表中所显示的横坐标、纵坐标与数据源行、列的对应关系，这可通过"图表工具"｜"设计"｜"数据"｜"切换行/列"按钮来实现。

注意：添加数据时，选定的数据源单元格区域很重要，需要与原选定区域的行或列的单元格区域一致，否则添加数据后的图表中会出现大段空白或其他异常现象。

4. 图表中说明性文字的编辑

图表中说明性文字包括标题、坐标轴、网格线、图例、数据标志、数据表等，详细的说明可以更好地解释图表中的内容，传达有说服力的结论。

相关操作可通过"图表工具"｜"布局"｜"标签"和"坐标轴"等功能区组实现，如图6.4.7所示。

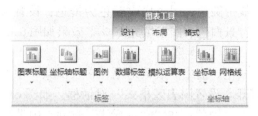

图6.4.7 "标签"和"坐标轴"功能区组

例6.16 针对图6.4.5中的"计算机"科目的数据系列增加数值标记；增加图表标题"学生成绩表"、横标题"姓名"和纵标题"成绩"，将成绩主要网格线刻度由20改为25，效果如图6.4.8所示。

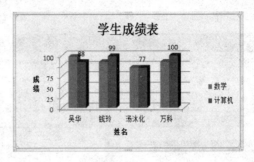

图 6.4.8 增加数据标记、标题例

实现方法：

（1）增加数据标记。首先在图表中选中待增加数据标记的部分数据系列，单击"布局"│"标签"│"数据标签"按钮，在下拉列表中选择"其他数据标签选项"命令，打开"设置数据标签格式"对话框，将"标签选项"选项卡下"值"的复选框选中即可。另外，更便捷的操作方式是选中待增加数据标记的数据系列，通过右键快捷菜单中的"添加数据标签"命令即可。

（2）增加标题。分别选择"布局"选项卡下的"图表标题"、"坐标轴标题"按钮，输入标题内容即可。

6.4.4　格式化图表

图表格式化主要是指对图表各个对象的格式设置，包括边框、填充、文字和数值的格式、颜色、外观等的设置。由于图表的对象较多，相关的格式化命令也不少，因此，最快捷的操作方式就是掌握"指向对象，按右键"的基本原则。另外，也可以通过选择"图表工具"下的"布局"、"格式"选项卡的功能区组来实现。

例 6.17　在图 6.4.8 的基础上改变部分图表设置：边框线 5 磅、复合线型由粗到细、边框线带圆角，图表底纹颜色为橙色；设置绘图区的图案底纹为前景颜色黑色、背景白色、图案填充 10%，效果如图 6.4.1 所示。

实现方法：

（1）图表区格式化。选中图表区对象，在快捷菜单中选择"设置图表区域格式"命令，打开"设置图表区格式"对话框，如图 6.4.9 所示。在"填充"选项卡中设置填充颜色；在"边框样式"选项卡中设置"宽度"、"复合类型"，并选中复选框"圆角"。

（2）绘图区格式化。选中绘图区对象，在快捷菜单中选择"设置绘图区格式"命令，打开"设置绘图区格式"对话框，如图 6.4.10 所示。在"填充"选项卡中设置"图案填充"中的"前景色"、"背景色"，选择"10%"的填充效果。

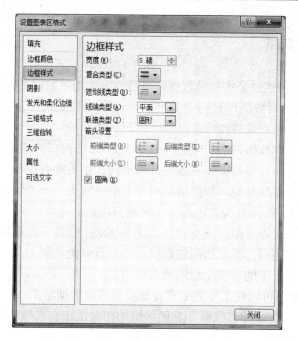

图 6.4.9　"设置图表区格式"对话框

图 6.4.10　"设置绘图区格式"对话框

6.5 数据管理

在 Excel 中, 通过公式和函数可以灵活、方便地对数据进行各种计算。此外, Excel 还具有对数据库进行管理的功能, 可对数据清单进行排序、筛选、分类汇总等一系列数据管理操作。

数据清单又称数据列表, 是由工作表中单元格构成的矩形区域, 即一张两维表。它与前面介绍的工作表数据有所不同, 主要特点如下。

(1) 与数据库相对应, 数据清单两维表中一列为一个 "字段", 一行为一条 "记录", 第一行为表头, 由若干个字段名组成。

(2) 表中不允许有空行或空列 (会影响 Excel 检测和选定数据列表)。每一列必须是性质相同、类型相同的数据, 如字段名是 "姓名", 则该列存放的必须全部是姓名, 不能有完全相同的两行内容。

在 Excel 中, 可以在工作表中直接建立和编辑数据清单, 也可以通过 "数据" 选项卡的 "获取外部数据" 功能区组的相关按钮获取外部数据。

6.5.1 数据排序

排序是指对数据清单中按指定字段值的升序或降序进行排序。其中, 英文字母按字母次序 (默认大小写不区分)、汉字按笔划或拼音排序。

1. 单个字段排序

简单排序是指对单一字段按升序或降序排列, 可直接利用 "数据" | "排序和筛选" 功能区组中的 " ↓ "、" ↓ " 按钮快速实现。

2. 多个字段排序

当排序的字段值出现相同值时, 需要使用多个字段进行排序, 方法是单击 "数据" | "排序和筛选" | "排序" 按钮, 打开其对话框进行所需排序字段的设置。

例 6.18 对职工档案表按 "岗位状态" 为第一关键字排序, 在职职工在前; 对岗位相同的按 "年龄" 降序排列; 若仍相同再按 "工资" 升序排列。

实现方法: 单击清单中任意单元格, 表示选定数据清单 (系统自动将符合条件的单元格区域作为数据清单, 所有排序操作会作用于该清单)。单击 "数据" | "排序和筛选" | "排序" 按钮, 弹出 "排序" 对话框, 按要求进行排序的设置, 如图 6.5.1 所示。排序结果如图 6.5.2 所示。

注意: 对于 "岗位状态" 是文字型的字段, 可以通过 "排序" 对话框的 "选项" 按钮设置按笔划排序, 默认是按拼音字母次序排列。

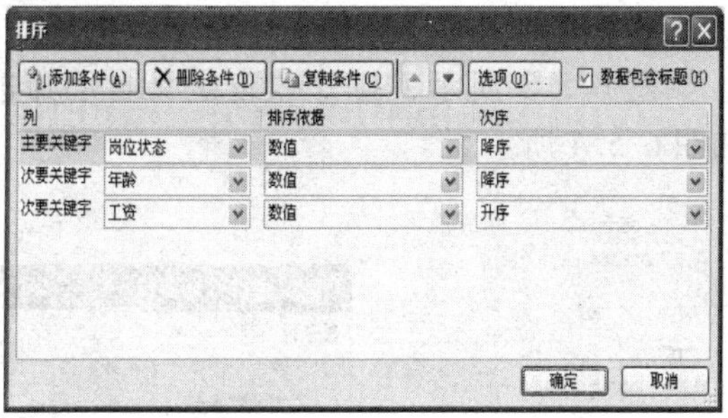

图 6.5.1 “排序”对话框

姓名	性别	职称	年龄	岗位状态	工资	评价	奖金
王小帧	女	工人	42	在职	2480		78.00
钱玲	女	助工	40	在职	2450		841.00
王平	女	助工	40	在职	2470		56.00
张家鸣	男	助工	35	在职	2455		791.90
汤沐化	男	工程师	34	在职	3489	高工资	968.02
王晓若	男	工程师	34	在职	3502	高工资	970.36
吴华	女	助工	33	在职	2420		765.60
万科	女	工人	32	在职	2410		75.00
钟家明	男	工程师	30	在职	3150	高工资	120.00
黄亚非	男	工人	52	下岗	3580	高工资	1,164.40
马小辉	男	工人	17	下岗	2390		600.18

图 6.5.2 排序结果

6.5.2 数据筛选

筛选就是从数据清单中显示满足条件的数据，不符合条件的数据暂时被隐藏起来，但并没有被删除。在 Excel 中，具有两种不同的数据筛选方式，即自动筛选和高级筛选。

1. 自动筛选

自动筛选可以进行单个字段的筛选；或者，当多个字段的筛选间的实质是“逻辑与（AND）”的关系，即需要同时满足多个条件关系时，也可进行自动筛选。自动筛选操作简单，能满足大部分的应用要求。

当单击“数据”|“排序和筛选”|“筛选”按钮后，数据列表处于筛选状态，即每个字段旁有个下拉列表箭头“ ”，可在所需筛选的字段名下拉列表中选择所要筛选的确切值，或通过“数字筛选”|“自定义筛选”子菜单命令输入筛选条件。

若要取消筛选，再单击“筛选”按钮即可取消筛选状态。

例 6.19 从职工档案表中筛选出年龄在 30 ~ 40 之间的女职工。

实现方法：这里需通过对两个字段进行筛选。

（1）筛选年龄在一定范围内时，必须在年龄字段的下拉列表中选择"自定义筛选"命令，如图 6.5.3 所示，打开"自定义自动筛选方式"对话框，进行条件设置，如图 6.5.4 所示。

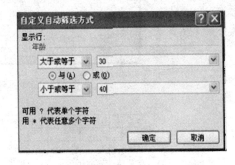

图 6.5.3 筛选列表   图 6.5.4 "自定义自动筛选方式"对话框

（2）女职工的筛选，单击"性别"右侧的下拉列表按钮，打开筛选列表，只选中"女"复选框即可。

注意：在筛选结果数据清单中，区分哪个字段是筛选字段，可以通过检查数据列表的字段名旁是否有""标记，有该筛选标记的就是筛选字段。

2. 高级筛选

高级筛选不但可以像自动筛选那样实现多个字段间"逻辑与（AND）"关系的筛选，也能实现多个字段间"逻辑或（OR）"关系的筛选。高级筛选的适用面更宽，但实际操作比较复杂，需要在数据清单外建立一个条件区域。

在使用高级筛选时，最重要的是需要事先定义好相应的条件区域，具体规定如下。

（1）第一行为所需要筛选的字段名，之后的各行为具体的筛选条件：其中同一行的各个条件之间为"逻辑与"关系，而不同行的条件之间为"逻辑或"关系。

（2）单击"数据"｜"排序和筛选"｜"高级筛选"按钮，弹出"高级筛选"对话框，选中对应的列表区域与条件区域，进行多条件筛选。

若要取消高级筛选，可单击"排序和筛选"｜"清除"按钮。

例 6.20 在职工表中筛选出低收入者给予一定补助，筛选的条件为工资低于 2 400 元或者奖金低于 80 元。

实现方法：首先在数据清单外定义条件区域，如图 6.5.5 所示。然后单击"数据"｜"排序和筛选"｜"高级"按钮，弹出"高级筛选"对话框，指定

"列表区域"和"条件区域",如图6.5.6所示。

14	工资	奖金
15	<2400	
16		<80

图6.5.5 条件区域　　　　图6.5.6 "高级筛选"对话框

6.5.3 数据的分类汇总

分类汇总是对数据列表按某字段进行分类,将字段值相同的连续记录归为同一类,进行求和、平均、计数等汇总运算。针对同一个分类字段,可进行多种汇总。

说明:

(1)在分类汇总前,必须对分类的字段进行排序,否则分类汇总的结果毫无意义。实际上,分类汇总就是合并同类项,即对前后记录中字段值相同的记录进行相应汇总。

(2)在分类汇总时,关键要区分清楚三点

① 对哪个字段分类,则该字段先要进行排序。

② 对哪些字段汇总,汇总结果存放在该字段同列位置。

③ 汇总的方式,通常对非数值型数据进行计数汇总,数值型数据进行求和、平均值等汇总。

分类汇总时,对分类的字段只进行一种汇总的方式称为简单汇总;若要先后进行多种汇总的方式则称为嵌套汇总。

1. 简单汇总

例6.21 针对职工档案表,统计员工中各类职称的平均年龄和工资。

分析:这实际是先对职称进行分类,然后对年龄、工资字段进行汇总,汇总的方式是求平均值。

实现方法:先对职称字段进行排序,然后单击"数据"|"分级显示"|"分类汇总"按钮,弹出"分类汇总"对话框,进行相应选择,如图6.5.7所示。分类汇总后的结果如图6.5.8所示。

微视频6-11:
分类汇总

分类汇总
分类字段(A):
职称
汇总方式(U):
平均值
选定汇总项(D):
年龄
工龄
岗位状态
工资
评价
奖金
替换当前分类汇总(C)
每组数据分页(P)
汇总结果显示在数据下方(S)
全部删除(R)
确定
取消

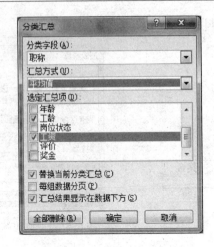

图 6.5.7 “分类汇总”对话框

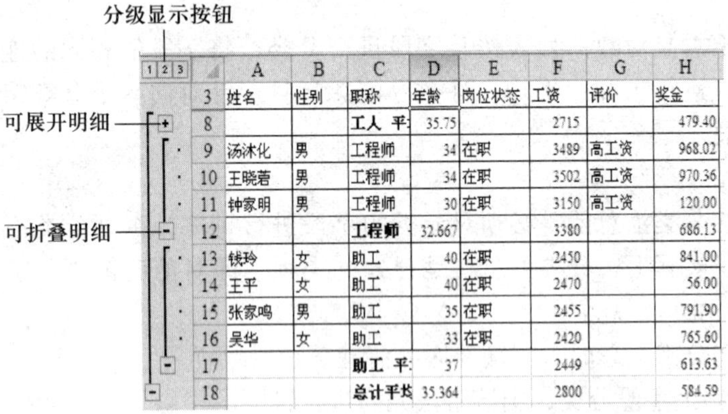

分级显示按钮
可展开明细
可折叠明细
1 2 3
A B C D E F G H
3 姓名 性别 职称 年龄 岗位状态 工资 评价 奖金
8 工人 平 35.75 2715 479.40
9 汤沐化 男 工程师 34 在职 3489 高工资 968.02
10 王晓蓉 男 工程师 34 在职 3502 高工资 970.36
11 钟家明 男 工程师 30 在职 3150 高工资 120.00
12 工程师 32.667 3380 686.13
13 钱玲 女 助工 40 在职 2450 841.00
14 王平 女 助工 40 在职 2470 56.00
15 张家鸣 男 助工 35 在职 2455 791.90
16 吴华 女 助工 33 在职 2420 765.60
17 助工 平 37 2449 613.63
18 总计平均 35.364 2800 584.59

图 6.5.8 分类汇总的结果和分级显示明细例

进行分类汇总后，工作表的左侧将出现分级显示区。选择上方的分级显示按钮可整体控制分类汇总的情况。通过单击“+”按钮，即可展开某分类的明细，单击“-”按钮则可折叠明细。

若要取消分类汇总，可在图 6.5.7 的“分类汇总”对话框中选择“全部删除”按钮。

2. 嵌套汇总

嵌套汇总是对同一分类字段进行多次汇总操作，关键是第二次及以上的操作在图 6.5.7 的对话框中要将“替换当前分类汇总”复选框默认选中方式去除。

例 6.22 在例 6.21 的基础上，进一步统计各类职称的员工人数。两者的汇总方式并不相同，前者是求平均值，后者是计数，因此要分两次进行分类汇总。

实现方法：先完成平均数的分类汇总。然后进行第二步的人数统计，只要在"分类汇总"对话框内（如图 6.5.7 所示）不选中"替换当前分类汇总"复选框即可。

6.5.4 数据透视表

前面介绍的分类汇总只适合于根据一个字段进行分类，然后对一个或多个字段进行汇总。如果用户需要按多个字段进行分类，如图 6.5.9 所示，那么用分类汇总的命令就难以实现。Excel 为此提供了一个更强大的工具——数据透视表来解决此类问题。

1. 创建透视表

例 6.23 分别统计各类职称中男、女职工的人数，此时既要按"职称"分类，又要按"性别"分类，因此需要利用数据透视表来解决，效果如图 6.5.9 所示。

计数项姓名	性别		
职称	男	女	总计
工程师	3		3
工人	2	2	4
助工	1	3	4
总计	6	5	11

图 6.5.9 统计结果例

微视频 6-12：
透视表

实现方法：

（1）选定数据区域和存放透视表的位置。先选中整个数据清单或数据清单中任意单元格。单击"插入"|"表格"|"数据透视表"按钮，打开"创建数据透视表"对话框。在"选择一个表或区域"和"选择放置透视表的位置"的文本框中设置单元格区域，如图 6.5.10 所示。单击"确定"按钮。

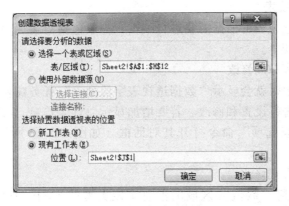

图 6.5.10 创建透视表

（2）数据透视表的设计。单击生成的数据透视表区域，会弹出"数据透视表字段列表"任务窗格，如图 6.5.11 所示。其中几项说明如下：

①"选择要添加到报表的字段"为数据清单的字段名。

②"行标签"、"列标签"为要分类的字段。

③"数值"为要汇总的字段。

本例中"职称"拖曳到"行标签"位置,"性别"拖曳到"列标签"位置,"姓名"拖曳到"数值"位置,汇总方式默认是计数(计数统计可以是任意字段)。

图 6.5.11 "数据透视表字段列表"任务窗格

透视表建立的过程完成后,输出效果如图 6.5.9 所示。

2. 编辑透视表

已建立的透视表可根据需要进行编辑,一般包括对透视表布局的修改或汇总方式的改变等。

(1)透视表布局修改

选中透视表时就会显示"数据透视表字段列表"任务窗格,可用与建立时相同的方法进行设置和修改。若要增加显示总计等信息,可通过快捷菜单的"数据透视表选项"命令打开其对话框(如图 6.5.12 所示),进行相应设置。

(2)汇总方式修改

根据拖曳到"数值"区域的汇总字段类型的不同,其默认的汇总方式也不同。对于非数值型字段默认为计数;对于数值型字段默认为求和。若要改变默认汇总方式,可在快捷菜单中选择"值字段设置"命令,打开"值字段设置"对话框,如图 6.5.13 所示,选择所需的汇总方式。

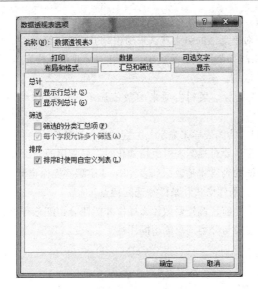

图 6.5.12　"数据透视表选项"对话框

图 6.5.13　"值字段设置"对话框

思 考 题

1. 简述 Excel 中文件、工作簿、工作表、单元格之间的关系。

2. Excel 2010 中，工作表由＿＿＿＿＿行＿＿＿＿＿列组成，其中行号用＿＿＿＿＿表示，列号用＿＿＿＿＿表示。

3. Excel 2010 中输入的数据类型有多少种？请分别列出。在默认情况下，所输入的数据如何区分不同的类型？

4. 简述输入数据的几种方法。

5. 在单元格中输入公式时，应先输入_____号。

6. 在 Excel 中，对单元格的引用默认采用相对引用还是绝对引用？两者有何区别？

7. 在格式化表格时，要将某标题居中，可用"合并单元格"与"跨列居中"两种方法实现，简述两者的区别。

8. 在对表格格式化后，某列由原来的数值显示为"######"，是什么原因？如何解决？

9. 要将数据按规定的图表样张显示，关键的操作是什么？

10. 图表对象很多，要对某图表对象格式化时，最常用的操作方法是什么？

11. 具有哪些特征的表格才是数据列表？Excel 中哪些操作是针对数据列表的？

12. 简述 IF 函数、条件格式和条件筛选的特点。

13. 在进行分类汇总前，首先要做什么操作才能使分类汇总有效？

14. 简述数据透视表与分类汇总的不同用途。

第 7 章　演示文稿软件 PowerPoint 2010

电子教案：
演示文稿软件
PowerPoint 2010

在人们日常生活中，经常需要进行产品展示、学术报告演讲、课堂教学等，PowerPoint 是完成这些工作有力的工具。Office 2010 系列中的 PowerPoint 2010 是集文字、图形、动画、声音于一体的专业制作演示文稿的多媒体软件，同时它还可以生成网页在网络上展示。

通过本章的学习，可以掌握利用 PowerPoint 2010 软件制作演示文稿、美化演示文稿、设置动画和放映效果等。

7.1　建立演示文稿和演示文稿视图

1. 建立演示文稿

演示文稿是由若干张幻灯片组成的，每张幻灯片中可以插入文本、图片、声音和视频等，又可以超链接到不同的文档和幻灯片，故又称为多媒体演示文稿。

打开 PowerPoint 2010 后，单击"文件"按钮选择"新建"命令，如图 7.1.1 所示，常用新建演示文稿的方式主要有空白演示文稿、模板、主题等。PowerPoint 工作界面与 Word 类似，也有快速访问工具栏、选项卡、功能区等。

图 7.1.1　新建演示文稿窗口

（1）创建空白演示文稿

打开 PowerPoint 2010 应用程序，系统默认创建了名为"演示文稿 1"的空白演示文稿。此文稿为只有布局格式的空白幻灯片，此时可以设计个性化的演示文稿，但缺点在于比较费时。

通常建立演示文稿需先选择"空白演示文稿"，待文稿内容完成后，再在美化阶段选用某一个喜欢的模板或主题快速修饰演示文稿。

（2）利用模板或主题创建演示文稿

模板是系统提供的文档样式，包含图片、动画等背景元素，不同的模板具有不同的样式。用户在选择所需的模板后，直接输入内容就可以快速建立演示文稿。PowerPoint 2010 提供了内置的模板，也可以从 Office. com 下载最新的模板，便于用户快速地建立外观统一的演示文稿。模板文件的扩展名为 potx。

主题是为已设置好的演示文稿更换颜色、背景等统一的格式。

2. 演示文稿视图

PowerPoint 2010 提供了多种视图方式来满足不同用途的需要。通过选择"视图"选项卡"演示文稿视图"功能区组的各命令按钮可进行视图切换，如图 7.1.2 所示。在 PowerPoint 2010 主窗口的右下角也有常用的 4 个视图切换按钮，如图 7.1.3 所示。

图 7.1.2 演示文稿视图　　　　图 7.1.3 视图切换按钮

（1）普通视图

系统默认的视图方式，包含两种窗格：左边的任务窗格有"幻灯片"和"大纲"两个选项卡，可以方便快速定位、编辑幻灯片；右边的窗格为幻灯片编辑视图，用于编辑每张幻灯片的内容和格式化。

（2）幻灯片浏览视图

同时浏览多张幻灯片，可以很容易地在大量幻灯片之间进行添加、复制、删除和移动等编辑操作。

（3）备注页视图

备注页视图只是为了给演示文稿中的幻灯片添加备注信息。

（4）阅读视图

适应窗口大小的幻灯片放映查看，同时也可看到动画、超链接等效果。

（5）幻灯片放映

全屏放映幻灯片，观看动画、超链接等效果。观看幻灯片的制作效果必须切换到此视图模式，按 Esc 键可退出幻灯片放映视图，切换到普通视图。

3. 保存演示文稿

对于已创建的演示文稿，PowerPoint 2010 默认以扩展名 pptx 保存；也可以另存为扩展名为 ppt 的文件，便于在 PowerPoint 2003 环境下使用。

若保存为扩展名为 potx 文件，则表示该文件为模板；也可以保存扩展名为 ppsx 的幻灯片放映格式。

7.2 编辑演示文稿

编辑演示文稿涉及两个内容：一是对演示文稿中的幻灯片进行插入、复制、删除、移动等编辑操作；二是对幻灯片中的对象进行插入等编辑。

7.2.1 幻灯片的编辑

幻灯片编辑可在普通视图或幻灯片浏览视图中方便实现。

1. 插入幻灯片

新建的演示文稿默认只有一张幻灯片，若增加更多张幻灯片，可以通过"开始"|"新建幻灯片"按钮在当前幻灯片后插入一张新幻灯片。

在插入幻灯片时还需关注幻灯片的版式。幻灯片版式是为插入的对象提供占位符，可插入文本、图片、表格、SmartArt 图形、超链接、视频和音频文件等对象。根据插入幻灯片版式的不同，有两种不同的操作方式。

图 7.2.1 "版式"列表

（1）插入的幻灯片版式与当前幻灯片版式相同。单击"开始"|"幻灯片"|"新建幻灯片"按钮，在当前幻灯片下插入一张与当前幻灯片同一版式的幻灯片。

（2）插入幻灯片时另外选择版式。单击"开始"|"幻灯片"|"新建幻灯片"下拉按钮，在展开的版式下拉列表中（如图 7.2.1 所示）选择待插入的幻灯片版式。

例 7.1 建立具有多张幻灯片的演示文稿，内容介绍演示文稿的使用，以"演示文稿教案.pptx"的文件名保存。

要求：第 1 张幻灯片为封面，版式为"标题幻灯片"，第 2 张以后的幻灯片版式均为"标题与内容"。在每张幻灯片中插入文本、图片等介绍演示文稿使用的相关内容，制作效果如图 7.2.2 所示。

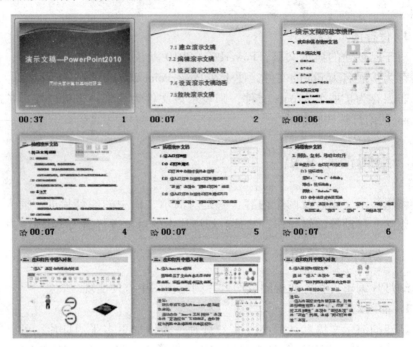

图 7.2.2 "幻灯片浏览"视图可方便编辑幻灯片

2. 复制、删除、移动幻灯片

通常在"幻灯片浏览"视图（如图 7.2.2 所示）或"普通视图"的左侧"幻灯片"任务窗格中，可以便捷地进行相应操作。

在进行编辑操作时，首先选中待操作的幻灯片，最方便的方法是按住 Ctrl 键单击所选定的幻灯片，选定的幻灯片有黄色的边框显示。然后通过鼠标直接拖曳到目标位置是移动，按 Ctrl 键 + 拖曳为复制，按 Delete 键为删除。当然，也可以使用"开始"选项卡下的"剪切"、"复制"、"粘贴"等按钮来实现。

7.2.2 在幻灯片中插入对象

用户在添加幻灯片时通过选择幻灯片版式，已为插入的对象提供占位符。在占位符除了可插入常见的文本、图片、表格等常用对象外，还可通过"插入"选项卡的相关功能区组（如图 7.2.3 所示）插入 SmartArt 图形、超链接、视频和音频文件等对象，从而使得演示文稿更加丰富多彩，更具感染力。

图 7.2.3 "插入"选项卡

本节重点介绍插入 SmartArt 图形、超链接、视频和音频文件等对象，其他常用对象的操作与 Word 等其他 Office 组件中的操作相似。

1. 插入 SmartArt 图形

演示文稿的 SmartArt 图形功能使得用户可以很方便地插入具有设计师水准的插图，更重要的是，这些图形揭示了文本内容之间的时间关系、逻辑关系或者层次关系，有助于人们去直观理解、深刻记忆相关内容。

单击"插入"│"插图"│"SmartArt"按钮，弹出"选择 SmartArt 图形"窗口，如图 7.2.4 所示，左边显示图形类型，中间显示该类型下所有可供选择的图形，右边是对所选中图形的简单说明。

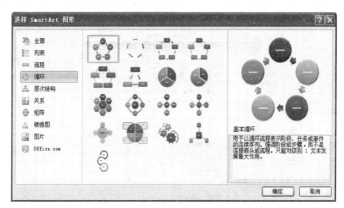

图 7.2.4 SmartArt 图形库

例 7.2 将图 7.2.2 显示的演示文稿中的第 2 张幻灯片从项目列表形式改为"基本循环"图形。

实现方法：打开如图 7.2.4 所示的"选择 SmartArt 图形"窗口，在"循环"类型中选择"基本循环"图形。然后在弹出的输入文本的对话框中依次输入相关内容，如图 7.2.5 所示。

注意：SmartArt 图形库显示的图形颜色丰富多彩，默认情况下插入的 SmartArt 图形颜色相对单调。如要更改颜色，可先选中已插入的图形，单击动态"SmartArt 工具"│"设计"│"更改颜色"下拉按钮，在各种颜色列表中选择所需的主题颜色，如图 7.2.6 所示。

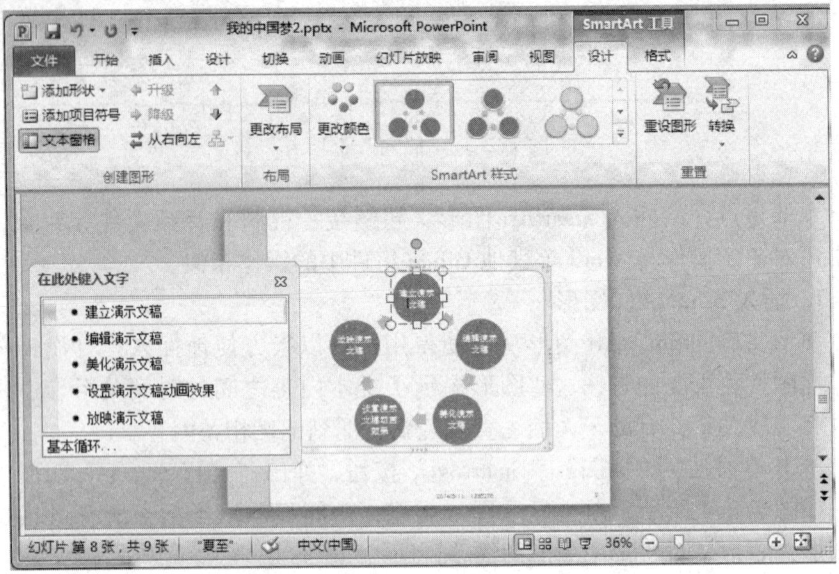

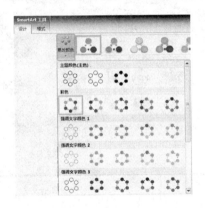

图 7.2.5　编辑 SmartArt 图形

图 7.2.6　"更改颜色"列表

2. 插入音频和视频文件

（1）插入音频文件

为了能在放映幻灯片的同时播放背景音乐，可通过"插入"|"媒体"|"音频"下拉列表选择所需的音频文件。成功插入音频文件后，在幻灯片中央位置会显示出一个音频插入标记"🔊"图标；同时，在"幻灯片放映"视图下就可听到音乐效果。

注意：默认情况下，所插入的音频只会在该音频文件所在的那张幻灯片

播放，切换到下一张幻灯片就停止播放。若要作为背景音乐在整个演示文稿放映时播放，则需进行播放设置，方法是首先选中音频插入标记""图标，打开"音频工具"|"播放"|"音频选项"|"开始"列表，如图7.2.7所示，选择"跨幻灯片播放"选项，即可实现在整个演示文稿中播放插入的音频。

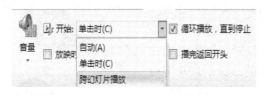

图 7.2.7 "音频选项"功能区组

（2）插入视频文件

插入视频文件的方法与插入音频的方法相同，通过"视频"下拉列表选择所需的视频文件就可。

3. 插入超链接

用户可以在幻灯片中添加超链接，从而实现不连续幻灯片之间的快速跳转；或者不同类型文档之间的跳转，比如跳转到另一演示文稿、Word文档、网站和邮件地址等。

在"插入"|"链接"功能区组中提供了"超链接"和"动作"两种形式的超链接。

微视频 7-2：
插入超链接

（1）以下划线表示的超链接

单击"插入"|"链接"|"超链接"按钮，弹出"编辑超链接"对话框，如图7.2.8所示，其中标注的文字表示了所链接的具体对象。

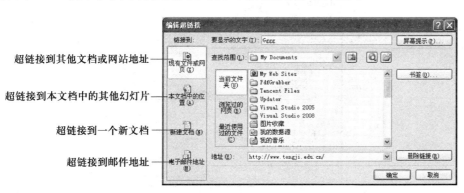

图 7.2.8 "编辑超链接"对话框

例 7.3 将例 7.2 中第 2 张幻灯片中的 SmartArt 图形"基本循环"中的每项内容超链接到相对应的幻灯片上，使得在幻灯片放映过程中单击文本处就可快速切换到对应的幻灯片。

实现方法：在"普通视图"下，定位在第 2 张幻灯片，选中图形中的文本，在快捷菜单中选择"超链接"命令，打开其对话框，如图 7.2.8 所示。单击左侧"本文档中的位置"按钮，在中间"请选择文档中的位置"列表中选择待跳转的目标幻灯片即可。

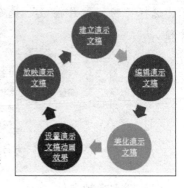

"基本循环"有 5 个功能图形，因此需要逐一选中每个功能图形，依次完成每个超链接的设置动作，效果如图 7.2.9 所示。

图 7.2.9　超链接例

（2）以动作按钮表示的超链接

动作按钮是预先设置好的一组带有特定动作的图形按钮，这些特定动作预先设置为指向上一张、下一张、第一张、最后一张幻灯片等超链接动作，在放映幻灯片时，单击动作按钮实现跳转的作用。

操作步骤如下。

① 在"插入"│"插图"功能区组中，打开"形状"下拉列表中最后的"动作按钮"选项区：，选择所需的按钮。

② 在幻灯片上绘制按钮的大小后，系统自动弹出"动作设置"对话框，如图 7.2.10 所示。其中最主要的设置是"超链接到"列表框，可选择链接到本文档的另一张幻灯片、网站地址或其他文档等。

图 7.2.10　"动作设置"对话框

注意：

① 超链接效果必须切换到"幻灯片放映"视图下才能看到。

② 若要使整个演示文稿中每张幻灯片均可通过◁、◀、▶、▶等按钮切换到第一张、上一张、下一张、最后一张幻灯片，那么不必对每张幻灯片逐一进行设置，只需要通过"视图"|"母版视图"|"幻灯片母版"按钮进行统一设置。

4. 插入页眉和页脚

若希望每张幻灯片都有日期、作者、幻灯片编号等信息，可通过"插入"|"文本"|"页眉和页脚"按钮，打开其对话框后进行设置，如图7.2.11所示。

图 7.2.11　"页眉和页脚"对话框

7.3　美化演示文稿

演示文稿最大的优点之一就是可以快速地设计格局统一、特色鲜明的外观，而这依赖于演示软件所提供的设置幻灯片外观功能。设置幻灯片外观的方法主要有 3 种：母版、主题和背景等。

微视频 7-3：
美化演示文稿

7.3.1　母版

母版是用户自行设计具有一定风格、特点的模板。一份演示文稿由若干张幻灯片组成，为了保持风格和布局一致，同时也为了提高编辑效率，可以通过"母版"功能设计一张通用的"幻灯片母版"。此外，演示文稿还提供了讲义母版、备注母版等功能，由于并不常用，在此就不作介绍。

单击"视图"|"母版视图"|"幻灯片母版"按钮，进入幻灯片母版的设计界面，如图7.3.1所示。

图 7.3.1 "幻灯片"母版设计界面

通常需要对幻灯片母版进行以下操作：

（1）设置标题，每一级文本的字体格式，项目符号等。

（2）插入要重复显示在多张幻灯片上的图标。

（3）更改占位符的位置、大小和格式。

（4）设置幻灯片的日期、页脚、编号等。

例 7.4 应用"母版"功能对例 7.3 中的每张幻灯片进行设置，包括标题、文本格式，插入学校图标；设置页脚编者信息；添加动作超链接等。编辑后的母版如图 7.3.2 所示。

图 7.3.2 "母版"编辑例

实现方法：进入"幻灯片母版"视图，选择标题和内容版式，进入如图 7.3.1 所示的编辑界面进行设置。

（1）按要求对标题、文本进行字体、字号、颜色等格式设置。

（2）右上角插入学校图标。

（3）单击"插入"|"文本"|"页眉和页脚"按钮，在其对话框（如图 7.2.11 所示）中设置日期、编号，输入页脚内容等。

（4）在右下角单击"插入"|"插图"|"形状"下拉列表，通过最后的"动作按钮"选择所需的 ⏮、◀、▶、▶ 按钮，并在幻灯片上绘制按钮的大小，系统自动弹出"动作设置"对话框，如图 7.2.10 所示。除了"⏮"

动作按钮需要在"超链接到"列表中选择链接到本文档的第 2 张幻灯片（第 1 张为封面）外，其余的动作按钮均为默认值。

设置完成后，进入"普通视图"可以观察到母版上插入的图片、页眉和页脚内容以及设置的格式都作用于整个演示文档。此外，切换到"幻灯片放映"视图下，可以单击不同的动作按钮观察超链接的效果。

注意：母版上的标题和文本只是限定格式，实际的标题和文本内容应该在普通视图的幻灯片上输入；对于幻灯片上要显示的作者名、单位名、单位图标、日期和幻灯片编号等应在"页眉和页脚"对话框中输入。

修改幻灯片母版上的内容须进入"幻灯片母版"视图方式。如果要将此母版保存为模板并被其他演示文稿应用，可通过"另存为"命令，在"保存类型"下拉列表中选择"PowerPoint 模板（＊.potx）"选项即可。

7.3.2　主题

主题是一套包含插入各种对象、颜色和背景、字体样式和占位符等的设计方案。利用预先设计的主题，可以快速更改演示文稿的整体外观。

PowerPoint 2010 内置了许多主题，在"设计"｜"主题"功能区组下可以查看或选用主题，如图 7.3.3 所示。

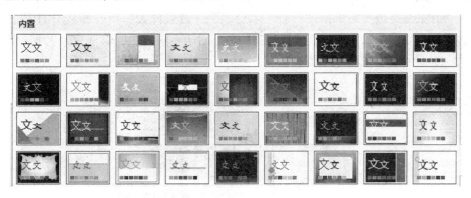

图 7.3.3　内置主题样式

1. 选用主题

打开演示文档，通过"设计"｜"主题"功能区组打开如图 7.3.3 所示的主题样式，选择任一主题样式即可，所选中的主题样式会作用于整个演示文档。

若希望在一个演示文档中使用不同的主题，则先选中要设置新主题的幻灯片组（多于 1 张幻灯片），再单击某主题样式，所选中的幻灯片就会更改为该主题。

2. 自定义主题

对于已存在的主题，可根据用户需要自行更改主题的颜色、字体和效果等，然后保存为自己定义的主题。

更改主题的方法是，通过"设计"|"主题"功能区组的"颜色"、"字体"和"效果"等按钮来实现。

保存主题的方法是，在"设计"|"主题"功能区组中打开主题列表，选择"保存当前主题"命令，在弹出的"保存当前主题"对话框中的"文件名"处输入适当的主题名称，然后单击"保存"按钮。

注意：修改后的主题在本地驱动器上的 Document Themes 文件夹中保存为 thmx 文件，并将自动添加到"设计"|"主题"功能区组中的自定义主题列表中。

7.3.3 背景

对于演示文稿的每个主题，PowerPoint 2010 都提供了许多种背景颜色、纹理效果和填充效果的选择。用户可以根据需要任意更改幻灯片的背景颜色和背景设计，如删除幻灯片中的设计对象，添加底纹、图案、纹理或图片等，使得演示文稿的设计同时具备了高效性和个性化。

背景颜色设置可单击"设计"|"背景"|"背景样式"下拉按钮，打开下拉列表，如图 7.3.4 所示，选择所需颜色。对于不同的主题幻灯片，"背景样式"会显示所对应的颜色方案。

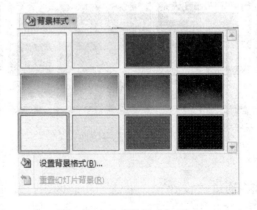

图 7.3.4 "背景样式"列表

更多的格式设置可通过"设置背景格式"命令，打开其对话框（如图 7.3.5 所示）进行相应的设置。

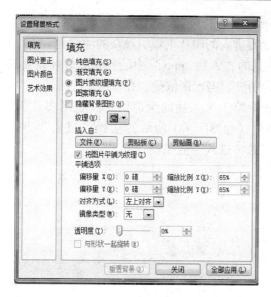

图 7.3.5 "设置背景格式"对话框

同样的，背景格式也可作用于整个演示文稿或选中的某些特定幻灯片。

7.4 演示文稿的动画效果

具有动感效果的幻灯片能更好地吸引观众的注意力，展示幻灯片内容。PowerPoint 2010 动画效果主要分为设置幻灯片中对象的动画效果和幻灯片间切换的动画效果两个方面。

7.4.1 幻灯片中对象的动画效果

用户可以为幻灯片上插入的文本、图片、图表等各种对象设置动画效果，这样有利于突出重点内容、控制信息的流程、提高演示的观赏性。

PowerPoint 2010 提供了"进入、强调、退出、动作路径"等 4 种预设的动画方案。其中"进入"、"退出"表示设置动画对象进入、退出的动画效果；"强调"是为了突出某对象的特殊效果；"动作路径"则是让指定对象按预定的路径运行，从而达到类似 Flash 中运动轨迹的动画效果。

1. 添加动画

选中幻灯片中待添加动画的对象，比如文本、图片等，单击"动画"｜"高级动画"｜"添加动画"下拉按钮，从下拉列表中选择 4 种动画方案中的某个动画选项，如图 7.4.1 所示，就可以为选中的对象添加动画效果。

对于某一个对象，既可以使用一种动画效果，如"进入"或"退出"，

微视频 7-4：
动画效果

也可以将多种动画方案组合使用。例如，对某幅图片设置"进入"加"强调"动画效果，使得进入的图片更吸引观众的注意力。

例 7.5 对建立的"人物.pptx"中的一张幻灯片设置动画效果，其显示的人物介绍依次为图灵、冯·诺依曼、乔布斯。

实现方法：选中第 1 个人物的全部信息（包括图片、文本框内容），在"添加动画"列表中（如图 7.4.1 所示）选择"进入"方式选项，照此方法对其他两位人物设置"进入"效果。

图 7.4.1 "添加动画"列表

一旦对幻灯片中的对象添加了动画，那么在"幻灯片"视图上就可以看到每个对象左上角会显示动画效果的顺序标记，如图 7.4.2 所示。最后在"幻灯片放映"视图下可看到动画效果。

图 7.4.2 动画设置例

2. 编辑动画

预设动画是系统预先设置好的动画效果，通过编辑动画可以使得动画效果更具个性。动画编辑是指动画设置后对动画的播放方式、动画顺序、动画声音、运动路径等进行调整。

编辑动画一般通过选择"动画窗格"按钮，在打开的该任务窗格中可看到已经设置的动画效果列表。以图 7.4.2 以例，在打开的动画窗格列出已经设置的项目（即动画对象）列表，单击任一项目的下拉列表会显示编辑动画选项，如图 7.4.3 所示。其中几个选项说明如下。

图 7.4.3 "动画窗格"列表

（1）播放方式

默认为"单击开始"选项。如果想让系统自动连贯播放，则可选择"从上一项开始"，指该项目跟前一项同时开始；或"从上一项之后开始"，指该项目的播放在前一项执行完毕之后开始。

（2）"重新排序"按钮

调整项目播放的顺序。可以在"动画窗格"列表中选中项目直接上下拖动改变顺序，也可以用下方的"重新排序"按钮"⬆""⬇"进行调整。

（3）"效果选项"选项

打开其对话框，如图 7.4.4 所示。通过"效果"选项卡可以设置动画声音、动画文本出现的形式等；通过"计时"选项卡，可设置计时。

例 7.6 应用动画设置模拟神七发射过程。当单击"开始发射"椭圆图形时，火箭图片按直线轨迹向上发射，同时椭圆图形消失；火箭冲出屏幕后，显示"恭喜发射成功！"，动画设计界面如图 7.4.5 所示。

图 7.4.4 "出现"对话框

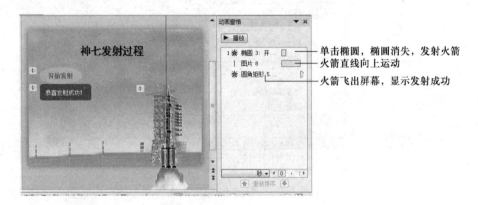

图 7.4.5 模拟神七发射动画设计界面

微视频 7-5：
模拟神七发射

（1）界面设计

在空白幻灯片中插入以下 5 个对象：

① 椭圆图形，文字为"开始发射"，作用是启动火箭发射。

② 火箭图片。

③ 圆角矩形，显示"恭喜发射成功！"文字。

④ 发射场图片置于底层。

⑤ 文本框，内容为"神七发射过程"。

（2）动画设计

① 对椭圆图形自定义动画"消失"，运动方式为"单击开始"。

② 火箭图片自定义动画的"动作路径"选择直线运动，运动方式为"从上一项开始"。

③ 圆角矩形自定义动画"进入"，运动方式为"从上一项之后开始"。

7.4.2 设置幻灯片间的切换效果

幻灯片间的切换效果是指幻灯片放映时相邻两张幻灯片之间切换时的动画效果。例如，新幻灯片以水平百叶窗、溶解、盒状展开、随机等方法展现。

设置幻灯片间切换效果的方法是，首先选定演示文稿中的幻灯片，然后单击"切换"|"切换到此幻灯片"功能区组的切换方式，如图 7.4.6 所示；也可单击右边的"▼"按钮，展示切换方式列表进行选择。

图 7.4.6 "切换到此幻灯片"功能区组

7.5 放映演示文稿

PowerPoint 2010 的演示文稿有多种放映方式和控制方法，以满足不同用途和用户的需要。这些都可通过"幻灯片放映"选项卡的相关功能区组来实现。

7.5.1 设置放映方式

设置放映方式可单击"幻灯片放映"|"设置"|"设置幻灯片放映"按钮，打开"设置放映方式"对话框，如图 7.5.1 所示。幻灯片放映类型有如下3 种。

1. 演讲者放映（全屏幕）

以全屏幕形式显示。演讲者可以控制放映的进程，提供了绘图笔进行勾画。适用于大屏幕投影的会议或教学。

2. 观众自行浏览（窗口）

以窗口形式显示，可浏览、编辑幻灯片。只适用于人数少的场合。

3. 在展台浏览（全屏幕）

以全屏形式在展台上进行演示。按事先预定的或通过"幻灯片放映"|"排练计时"命令设置的时间、次序放映，不允许现场控制放映的进程。

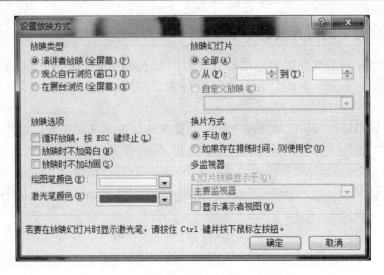

图 7.5.1 "设置放映方式"对话框

"设置放映方式"对话框中的"放映选项"、"放映幻灯片"、"换片方式"等选项设置都比较直观，用户可根据需要自行设置。

7.5.2 排练计时和录制幻灯片演示

1. 排练计时

排练计时就是将每张幻灯片播放的时间记录下来，方法是单击"幻灯片放映"|"设置"|"排练计时"按钮，进入幻灯片放映阶段。然后打开"录制"工具栏，如图 7.5.2 所示，文本框显示了本幻灯片排练的时间，按 Esc 键可退出排练计时。

本幻灯片　　　　本演示文档
播放时间　　　　播放时间

图 7.5.2 "录制"工具栏

在"幻灯片浏览"视图下可以看到每张幻灯片左下角显示的排练时间。

2. 录制幻灯片演示

"排练计时"和"录制幻灯片演示"都可用于控制幻灯片播放的时间，区别在于前者无声音，而后者增加了旁白，由演讲者边演示边讲解，实现图片、文字、声音并茂的最佳效果。

录制幻灯片放映可以通过单击"幻灯片放映"|"设置"|"录制幻灯片演

示"下拉按钮，显示录制起始位选择列表，选择起始点，如图 7.5.3 所示。然后单击列表中的相关命令。弹出"录制幻灯片演示"对话框，如图 7.5.4 所示，单击"开始录制"按钮后开始录制。

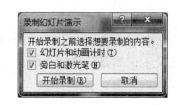

图 7.5.3 录制起始位选项 　　　　　图 7.5.4 录制形式选项

同样，已经录制完成的幻灯片能够在"幻灯片浏览"视图下可看到每张幻灯片左下角显示的录制时间。

如果需要清除原先录制的旁白或计时，可以单击"录制幻灯片演示"下拉列表的"清除"子菜单，显示如图 7.5.5 所示的"清除"列表，选择所要进行的清除动作。

图 7.5.5 "清除"列表

思 考 题

1. 建立演示文稿有几种方式？
2. 新建的空白演示文稿有几张幻灯片？如何增加幻灯片？
3. 要在幻灯片中输入文字，应该通过插入什么对象来实现？
4. 在 PowerPoint 中超链接有哪两种方式？区别在哪？
5. 简述母版、模板与主题三者的特点与功能。若要在每张幻灯片中添加相同的图片，应通过什么方式实现？
6. 当在幻灯片中添加动画，却看不到动画效果，原因是什么？同样当在幻灯片中进行了超链接设置，但又不起作用，原因是什么？
7. 在 PowerPoint 中如何实现像 Flash 运动轨迹效果的动画？
8. 如何控制每张幻灯片中动画出现的次序？
9. 如何取消幻灯片中已录制的旁白？
10. 如何实现插入的背景音乐在幻灯片中循环播放？

第8章 计算机网络基础与应用

电子教案：
计算机网络基
础与应用

当今人类社会是一个以网络为核心的信息社会，其特征是数字化、网络化和信息化。网络是信息社会的重要基础和命脉，对人类社会的各个方面具有不可估量的影响。

8.1 计算机网络概述

计算机网络是计算机技术和现代通信技术发展相结合的产物，是一门涉及多种学科和技术领域的综合性技术。

8.1.1 计算机网络的定义

1. 什么是计算机网络

计算机网络就是"一群具有独立功能的计算机通过通信线路和通信设备互连起来，在功能完善的网络软件（网络协议、网络操作系统等）的支持下，实现计算机之间数据通信和资源共享的系统"，图8.1.1是一个典型的计算机网络示意图。

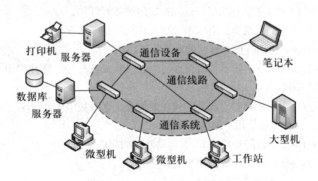

图8.1.1 计算机网络示意图

在计算机网络中，各计算机都安装有操作系统，能够独立运行。也就是说，在没有网络或网络崩溃的情况下，各计算机仍然能够运行。早期的那些有主机和终端组成的计算机系统不能称为网络，因为那些终端仅仅是由显示器和键盘组成。

2. 计算机网络的组成

从逻辑功能上看，计算机网络由通信子网和资源子网组成。

（1）通信子网

由通信设备和通信线路组成的传输网络，位于网络内层，负责全网的数据传输、加工和变换等通信处理工作。

（2）资源子网

代表网络的数据处理资源和数据存储资源，位于网络的外围，负责全网数据处理和向网络用户提供资源及网络服务。

3. 计算机网络的基本功能

计算机网络的基本功能有两个：数据通信和资源共享。

（1）数据通信是计算机最基本的功能。其他所有的功能都是建立在数据通信基础上的，没有数据通信功能，也就没有所有功能。

（2）资源共享是计算机网络最主要的功能。可以共享的网络资源包括硬件、软件和数据。在这三类资源中，最重要的是数据资源，因为硬件和软件损坏了可以购买或开发，而数据丢失了往往不可以恢复。

4. 计算机网络的性能指标

衡量计算机网络的性能指标有许多，最重要的有两个：速率、带宽。

（1）速率

计算机网络中的速率是指计算机在数字信道上传送数据的速率，单位是 bps、Kbps、Mbps 和 Gbps。人们为了方便起见，通常忽略了单位中的 bps，如 100 M 以太网，它是指速率为 100 Mbps 的以太网。通常 1 000 M 以太网是指速率为 1 000 Mbps 的以太网。

（2）带宽

带宽指通信线路所能传送数据的能力，因此表示在单位时间内从计算机网络中的某一点到另一点所能通过的最高数据量，其单位与速率相同。

速率和带宽是不一样的。速率是指计算机在网络上传送数据的速度，而带宽是网络能够允许的传送数据的最高速度。

8.1.2 计算机网络的发展

从现代计算机网络的形态出发，追溯历史，将有助于人们对计算机网络的理解。计算机网络的发展可以划分为 4 个阶段。

1. 面向终端的第一代计算机网络

1954 年，美国军方的半自动地面防空系统（SAGE）将远距离的雷达和测控仪器所探测到的信息，通过线路汇集到某个基地的一台 IBM 计算机上进行集中信息处理，再将处理好的数据通过通信线路送回到各自的终端设

备（Terminal）。这种由主机（Host）
和终端设备组成的网络结构称为第
一代计算机网络，如图 8.1.2 所示。
在第一代计算机网络系统中，除主
计算机具有独立的数据处理功能外，
系统中所连接的终端设备均无独立
处理数据的功能。由于终端设备不

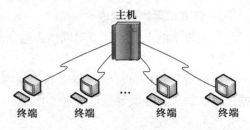

图 8.1.2　面向终端的计算机网络

能为中心计算机提供服务，因此终端设备与中心计算机之间不提供相互的资源
共享，网络功能以数据通信为主。

　　第一代计算机网络与后来发展起来的计算机网络相比，有着很大的区别。
从严格意义上讲，该阶段的计算机网络还不是真正的计算机网络。

2. 以分组交换网为中心的第二代计算机网络

　　随着计算机应用的发展，到了 20 世纪 60 年代中期，美国出现了将若干
台主机互连起来的系统。这些主机之间不但可以彼此通信，而且可以实现与
其他主机之间的资源共享。

　　这一阶段的典型代表就是美国国防部高级研究计划署（Advanced
Research Project Agency，ARPA）的 ARPANET，它也是 Internet 的最早发源。
它的目的就是将多个大学、公司和研究所的多台主机互连起来，最初只连接
了 4 台计算机。ARPANET 在网络的概念、结构、实现和设计方面奠定了计算
机网络的基础，在该计算机网络中，以通信控制处理（Communication Control
Processor，CCP）和通信线路构成网络的通信子网，以网络外围的主机和终端
构成网络的资源子网。各主机之间通过 CCP 相连，各终端与本地的主机相连，
CCP 以分组为单位采用存储—转发的方式（分组交换）实现网络中信息的传
递，其简化方式如图 8.1.3 所示。

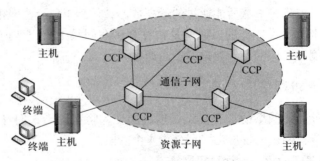

图 8.1.3　以分组交换网为中心的计算机网络

　　该阶段的计算机网络是真正的、严格意义上的计算机网络。计算机网络
由通信子网和资源子网组成，通信子网采用分组交换技术进行数据通信，而

资源子网提供网络中的共享资源。

3. 体系结构标准化的第三代计算机网络

建立 ARPANET 以后，各种不同的网络体系结构相继出现。同一体系结构的网络设备互连是非常容易的，但不同体系结构的网络设备要想互连十分困难。然而社会的发展迫使不同体系结构的网络都要能够互连。因此，国际标准化组织（International Standard Organization，ISO）在 1977 年设立了一个分委员会，专门研究网络通信的体系结构，该委员会经过多年艰苦的工作，于 1983 年提出了著名的开放系统互连参考模型（Open System Interconnection Basic Reference Model，OSI），用于各种计算机能够在世界范围内互连成网。从此，计算机网络走上了标准化的轨道。人们把体系结构标准化的计算机网络称为第三代计算机网络。

4. 以网络互连为核心的第四代计算机网络

随着对网络需求的不断增长，使计算机网络尤其是局域网的数量迅速增加。同一个公司或单位有可能先后组建若干个网络，供分散在不同地域的部门使用。那么，如果把这些分散的网络连接起来，就可使它们的用户在更大范围内实现资源共享。通常将这种网络之间的连接称为网络互连，最常见的网络互连的方式就是通过路由器等互连设备将不同的网络连接到一起，形成可以互相访问的互联网（如图 8.1.4 所示），著名的 Internet 就是目前世界上最大的一个国际互联网。

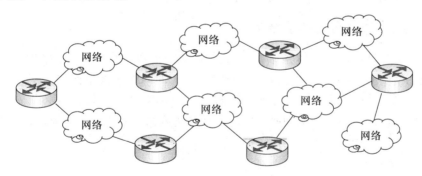

图 8.1.4　互联网

8.1.3　计算机网络的分类

计算机网络有多种分类标准，最常用的是按地理范围进行分类。按地理范围进行分类是科学的，因为不同规模的网络往往采用不同的技术。

按地理范围可以把计算机网络分为局域网、城域网和广域网。

1. 局域网

局域网（Local Area Network，LAN）是专用网络，通常位于一个建筑物内或者一个校园内，也可以远到几公里的范围。在局域网发展的初期，一个学校或工厂往往只拥有一个局域网，但现在局域网已非常广泛地使用了，一个学校或企业大多拥有许多个互连的局域网，这样的网络常称为校园网或企业网。

局域网是最常见、应用最广泛的一种计算机网络。从技术上来说，常见的局域网主要有两种：以太网（Ethernet）和无线局域网（WLAN）。

2. 城域网

城域网（Metropolitan Area Network，MAN）覆盖了一个城市。典型的城域网例子有两个：一个是有线电视网，许多城市都有这样的网络；另一个是宽带无线接入系统（IEEE 802.16）。

人们常见到的作为一个公用设施，被一个或几个单位所拥有，将多个局域网互连起来的城域网，由于采用的技术是以太网技术，因此常并入局域网的范围进行讨论，被称为大型 LAN。

3. 广域网

广域网（Wide Area Network，WAN）跨越了一个很大的地理区域，通常是一个国家或者一个洲。广域网也称为远程网络，其主要任务是运送主机所发送的数据。

8.1.4　计算机网络体系结构

什么是计算机网络体系结构？简单地说，计算机网络体系结构就是看计算机网络中所采用的网络协议是如何设计的，即网络协议是如何分层以及每层完成哪些功能。由此可见，要想理解计算机网络体系结构，就必须先了解网络协议。网络体系结构和网络协议是计算机网络技术中两个最基本的概念，也是初学者比较难以理解的两个概念。

1. 网络协议

在计算机网络中，协议就是指在通信双方为了实现通信而设计的规则。只要双方遵守规则，就能够保证正确进行通信。

协议是交流双方为了实现交流而设计的规则。人类社会中到处都有这样的协议，人类的语言本身就可以看成一种协议，只有说相同语言的两个人才能交流。海洋航行中的旗语也是协议的例子，不同颜色的旗子组合代表了不同的含义，只有双方都遵守相同的规则，才能读懂对方旗语的含义，并且给出正确的应答。

可以说，没有网络协议就不可能有计算机网络，只有配置相同网络协议的计算机才可以进行通信，而且网络协议的优劣直接影响计算机网络的性能。

2. 计算机网络体系结构

网络通信是一个非常复杂的问题，这就决定了网络协议也是非常复杂的。为了减少网络协议设计和实现的复杂性，大多数网络按分层方式来组织，就是将网络协议这个庞大而复杂的问题划分成若干小的、简单的问题，通过"分而治之"的思想，先解决这些小的、简单的问题，进而解决网络协议这个大问题。

在网络协议的分层结构中，相似的功能出现在同一层内；每层都是建筑在它的前一层的基础上，相邻层之间通过接口进行信息交流；对等层间有相应的网络协议来实现本层的功能。这样网络协议被分解成若干相互有联系的简单协议，这些简单协议的集合称为协议栈。计算机网络的各个层次和在各层上使用的全部协议统称为计算机网络体系结构。

类似的思想在人类社会比比皆是。例如，邮政服务，甲在上海，乙在北京，甲要寄一封信给乙。因为甲、乙相距很远，所以将通信服务划分成三层实现（如图 8.1.5 所示）。用户、邮局、铁路部门，用户负责信的内容，邮局负责信件的处理，铁路部门负责邮件的运输。

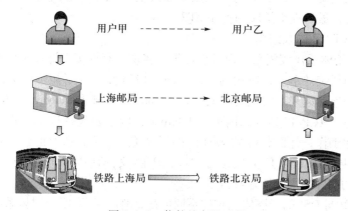

图 8.1.5　信件的寄送过程

计算机网络的各层及其协议的集合称为网络体系结构。目前，计算机网络存在两种体系结构占主导地位：OSI 体系结构和 TCP/IP 体系结构。OSI 体系结构具有 7 层，TCP/IP 体系结构具有 4 层。

3. 常用计算机网络体系结构

世界上著名的网络体系结构有 ISO/OSI 参考模型和 TCP/IP 体系结构。

（1）ISO/OSI 参考模型

OSI（Open System Interconnection）参考模型是由国际标准化组织（ISO）于 1978 年制定的，这是一个异种计算机互连的国际标准。OSI 模型分为 7 层，其结构如图 8.1.6 所示。图中水平双向虚箭头线表示概念上的通信（虚通信），空心箭头表示实际通信（实通信）。

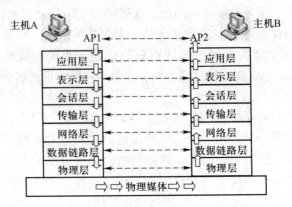

图 8.1.6 ISO/OSI 参考模型

如果主机 A 上的应用程序 AP1 向主机 B 的应用程序 AP2 传送数据，数据不能直接由发送端到达接收端，AP1 必须先将数据交给应用层，应用层交给会话层，依此类推，最后到达物理层，通过通信线路传送到目的站点后，自下而上提交，最后提交给应用程序 AP2。

（2）TCP/IP 体系结构

OSI 由于体系比较复杂，而且设计先于实现，有许多设计过于理想，因而完全实现的系统并不多，应用的范围有限。1973 年，为了能够以无缝的方式将多个网络连接起来，实现资源共享，Vinton G. Cerf 和 Robert E. Kahn 开始设计并实现了 TCP/IP 协议，因为在 Internet 领域主要包括这一工作在内的一系列开创性工作，他们获得了 2004 年的图灵奖。今天，所有的计算机之所以都能轻松上网，原因是都安装了 TCP/IP 协议，TCP/IP 协议已成为目前 Internet 上的国际标准和工业标准。

TCP/IP 与 OSI 的 7 层体系结构不同的是，TCP/IP 采用 4 层体系结构，从上到下依次是应用层、传输层、网际层和网络接口层。TCP/IP 体系结构与 OSI 参考模型对照关系如图 8.1.7 所示。

TCP/IP 协议并不是一个协议，而是由 100 多个网络协议组成的协议族，因为其中的传输控制协议（Transmission Control Protocol，TCP）和网际协议（Internet Protocol，IP）最重要，所以被称为 TCP/IP 协议。

IP 协议是为数据在 Internet 上的发送、传输和接收制定的详细规则，凡使用 IP 协议的网络都称为 IP 网络。

IP 协议不能确保数据可靠地从一台计算机发送到另一台计算机，因为数据经过某一台繁忙的路由器时可能会被丢失。确保可靠交付的任务由 TCP 协

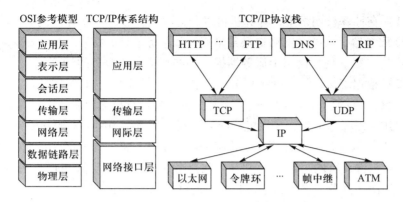

图 8.1.7 TCP/IP 体系结构与 OSI 参考模型对照关系

议完成。

TCP/IP 体系结构的目的是实现网络与网络的互连。由于 TCP/IP 来自于 Internet 的研究和应用实践中，现已经成为网络互连的工业标准。目前流行的网络操作系统都已包含了上述协议，成了标准配置。

8.2 局域网技术

在计算机网络中，局域网技术发展速度最快，应用最广泛。目前几乎所有的企业、机关、学校等单位都建有自己的局域网。

本节首先介绍一个简单局域网的组建案例，然后再简要地介绍局域网的组成、搭建过程、网络设置及其应用等，最后介绍局域网的关键技术。

8.2.1 简单局域网组建案例

例 8.1 将 3 台计算机按对等网模型组成一个简单的星形结构局域网，各台计算机之间可以实现资源共享，打印机可实现网络共享，如图 8.2.1 所示。

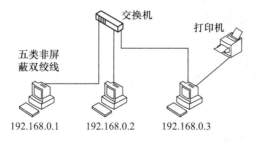

图 8.2.1 由 3 台计算机组成的星形结构局域网

分析：本例组建的局域网是对等网、星形结构。

（1）在计算机网络中，计算机可以分为两类：服务器和客户机。

① 服务器。为整个网络提供共享资源和服务的计算机。

② 客户机。使用网络上服务器提供的共享资源和服务的计算机。

（2）根据工作模式，网络可分为：客户机/服务器结构和对等网两类。

① 客户机/服务器结构。网络中至少有一台计算机充当服务器，为整个网络提供共享资源和服务；客户机从服务器获得所需要的网络资源和服务。

② 对等网。每一台计算机既是服务器又是客户机的局域网。在对等网中，所有计算机都具有同等地位，没有主次之分，任何一台计算机所拥有的资源都能作为网络资源，可被其他计算机上的网络用户共享。

（3）所谓星形结构是指各台计算机都连接到交换机上。星形结构请见8.2.3 节。

1. 硬件及其安装

根据要求，本案例所需要的网络硬件有一台交换机，可以选用常用的100 Mbps的 8 个端口交换机；每台计算机配置一块 100 Mbps 网卡和一根有RJ-45接头的 5 类非屏蔽双绞线（线缆上有 CAT5 标志）。

这些网络设备的作用如下。

（1）网卡

目前，所有的计算机都配有网卡，网卡的驱动程序也自动安装了，不必特别购买和安装驱动程序。需要注意的是，网卡的速率应与所接交换机的速率相匹配。若网卡的速率为 100 Mbps，则交换机的速率也应为 100 Mbps 或自适应网卡。

（2）交换机

用于连接多个计算机，实现计算机之间的通信。可以选用常用的100 Mbps交换机。

（3）双绞线

用于连接计算机和交换机。所用的网线一般为 5 类非屏蔽双绞线，即由不同颜色的 4 对线组成，每一对中两根线绞在一起。网线的两端安装 RJ-45接头。

说明：连接计算机和交换机的网线与直接连接两台计算机的网线是不同的。连接计算机和交换机的网线的两端都遵循 EIA/TIA 568B，称为正接线；直接连接两台计算机的网线的一端采用 EIA/TIA 568A 标准，另一端采用EIA/TIA 568B 标准，称为交叉线。

2. 协议安装与配置

计算机网络中每一台计算机都必须安装协议并进行相应配置。

（1）安装协议

由于网卡是标配的，计算机会自动安装网卡驱动程序，然后自动安装 TCP/IP 协议，最后自动创建一个网络连接，通过单击"控制面板"|"网络和

图 8.2.2 已创建的局域网连接

Internet"|"网络和共享中心"|"更改适配器"选项可看到如图 8.2.2 所示的连接图标（连接名称默认为"本地连接"）。

（2）设置 IP 地址

如同每个人都有一个唯一的身份证号码一样，网络中每一台计算机有一个 IP 地址。为计算机设置 IP 地址的方法是，打开连接图标的属性窗口，如图 8.2.3（a）所示，在其中选定"Internet 协议版本 4（TCP/IPv4）"项目，单击"属性"按钮，进入如图 8.2.3（b）所示的对话框，在其中输入 IP 地址和子网掩码。

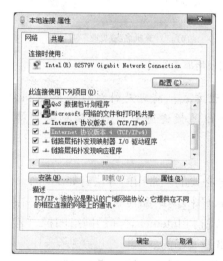

（a）"本地连接 属性"对话框

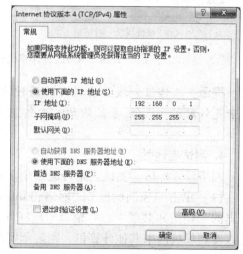

（b）"Internet协议版本4（TCP/IPv4）属性"对话框

图 8.2.3 设置 IP 地址和子网掩码

提示：局域网通常采用保留 IP 地址段来指定计算机的 IP 地址，这个保留 IP 地址范围为 192.168.0.0 ~ 192.168.255.255，子网掩码默认为 255.255.255.0。有关 IP 地址的更多知识参见 8.3.1 节。

3. 设置对等网模式

Windows 对等网是基于工作组方式的，为了使网络上的计算机能够相互访问，必须将这些计算机设置为同一个工作组，并使每台计算机都有一个唯一的名称进行标识。

　　设置计算机名称和工作组的方法是，在"计算机"属性窗口内"计算机名称、域和工作组设置"区域中选择"更改设置"选项，弹出如图 8.2.4（a）所示的对话框，再在"计算机名"选项卡中选择"更改"按钮，弹出图 8.2.4（b）所示的对话框，在其中设置计算机名和工作组的名称（默认名为 WORK-GROUP）。

(a)　"系统属性"对话框　　　　　　　(b)　"计算机名/域更改"对话框

图 8.2.4　设置计算机名及所属工作组

　　提示：*工作组和域是局域网的两种管理方式，前者是针对对等网结构，后者是针对客户机/服务器结构。工作组可以随便进进出出，而域则是严格控制。*

4. 测试连通性

　　网络配置好后，测试它是否通畅是十分必要的。常用的方法有如下两个。

　　（1）单击"控制面板"│"网络和 Internet"│"网络和共享中心"选项，在弹出的"网络和共享中心"窗口中选择计算机与 Internet 之间的网络图标，若可以看到局域网中其他计算机，则表示网络是通畅的。

　　（2）使用 ping 命令检查网络是否连通以及测试与目的计算机之间的连接速度，其使用格式为：

ping 目标计算机的 IP 地址或计算机名

ping 命令常用的测试方法有以下 4 种。

① 检查本机的网络设置是否正常，有四种方法

- ping　127.0.0.1　　　　　　说明：127.0.0.1 表示本机
- ping　localhost　　　　　　说明：127.0.0.1 表示本机
- ping 本机的 IP 地址　　　　说明：127.0.0.1 表示本机
- ping 本机计算机名　　　　　说明：127.0.0.1 表示本机

② 检查相邻计算机是否连通

微视频 8-1：
ping 命令

命令格式为：

ping 相邻计算机的 IP 地址或计算机名

③ 检查到默认网关是否连通

命令格式为：

ping 默认网关的 IP 地址

提示：默认网关的 IP 地址可能从两个途径获得：一是 ipconfig/all 命令；二是 TCP/IP 属性窗口，如图 8.2.3（b）所示。

④ 检查到 Internet 是否连通

命令格式为：

ping Internet 上某台服务器的 IP 地址或域名

例如，计算机 192.168.0.13 要检查与计算机 192.168.0.3 的连接是否正常，可以在计算机 192.168.0.13 中的 DOS 命令提示符后输入"ping 192.168.0.3"命令。如果 TCP/IP 协议工作正常，则会显示如下信息。

Pinging 192.168.0.3 with 32 bytes of data：

Reply from 192.168.0.3：bytes ＝32 time ＜1ms TTL ＝128

Reply from 192.168.0.3：bytes ＝32 time ＜1ms TTL ＝128

Reply from 192.168.0.3：bytes ＝32 time ＜1ms TTL ＝128

Reply from 192.168.0.3：bytes ＝32 time ＜1ms TTL ＝128

Ping statistice for 192.168.0.3：

Packets：Sent ＝4，Received ＝4，Lost ＝0 （0% loss）

Approximate round trip times in milli – seconds：

Minimum ＝0ms，Maximum ＝1ms，Average ＝0ms

ping 命令自动向目的计算机发送一个 32 个字节的测试数据包，并计算目的计算机响应的时间。该过程在默认情况下独立进行 4 次，并统计 4 次的发送情况。响应时间低于 400 ms 即为正常，超过 400 ms 则较慢。

如果 ping 返回"Request time out"信息，则意味着目的计算机在 1 s 内没有响应。如果返回 4 个"Request time out"信息，说明该计算机拒绝 ping 请求。在局域网内执行 ping 不成功，则故障可能出现在以下几个方面：网线是否连通、网卡配置是否正确、IP 地址是否可用等。如果执行 ping 成功而网络无法使用，那么问题可能出在网络系统的软件配置方面。

5. 设置网络共享资源

对等网中各计算机间可直接通信，每个用户可以将本计算机上的文档和资源指定为可被网络上其他用户访问的共享资源。

（1）共享文件夹

① 设置本地安全策略。在 Windows 7 中共享文件夹需设置本地安全策略，

否则局域网中的其他用户不能访问你的计算机。单击"控制面板"|"管理工具"|"本地安全策略"选项，弹出如图 8.2.5 所示的"本地安全策略"对话框，在左侧的属性列表中展开"本地策略"，选择"用户权限分配"选项，并在右侧找到"拒绝从网络访问这台计算机"选项，在双击后弹出的对话框中删除列表中的 Guest 用户。

图 8.2.5 "本地安全策略"对话框

② 打开来宾账户。在"计算机管理"窗口中找到 Guest 用户，如图 8.2.6 所示，双击它打开"Guest 属性"窗口，确保"账户已禁用"选项没有被选中。

图 8.2.6 "计算机管理"窗口

③ 共享文件夹。右击需要共享的文件夹，在弹出的快捷菜单中选择"共享"|"特定用户"命令，在弹出的"文件共享"对话框中下拉选择"Everyone"后单击"添加"按钮，使其出现在下面的列表框中。然后在"权限级别"下为其设置权限，如"读/写"或"读取"。

（2）设置共享打印机

在连接打印机的计算机上，通过"控制面板"打开"设备和打印机"对话框，如图 8.2.7 所示，在显示的打印机及设备中，右击要共享的打印机图标，单击快捷菜单中的"打印机属性"命令，在弹出的对话框中选择"共享"选项卡，选择"共享这台打印机"选项，并设置共享名称。

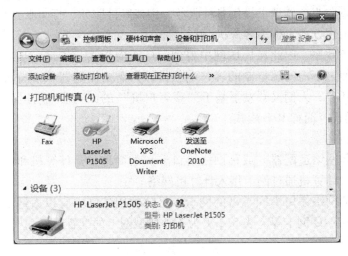

图 8.2.7 "设备和打印机"对话框

网络中的其他计算机上要使用共享打印机，必须先通过"添加打印机"操作将网络打印机添加到该计算机的打印机列表中，以后就可以直接使用这台打印机进行打印，就好像这台打印机安装在自己计算机上。

整个组网过程到此就完成了，现在可以通过网上邻居实现文件和磁盘的远程共享。

8.2.2 局域网的组成

局域网由局域网硬件和局域网软件两部分组成。

1. 局域网硬件

局域网中的硬件主要包括计算机设备、网卡、连接设备、网络传输介质等。

（1）计算机设备

局域网中的计算机设备通常有服务器和客户机之分。

① 服务器。服务器是为整个网络提供共享资源和服务的计算机，是整个网络系统的核心。图 8.2.8 是 IBM System x3610（794262C）服务器。通常，服务器由速度快、容量大的高性能计算机担任，24 小时运

图 8.2.8 IBM System x3610
（794262C）服务器

行，需要专门的技术人员进行维护和管理，以保证整个网络的正常运行。

② 客户机。客户机是网络中使用共享资源的普通计算机，用户通过客户端软件可以向服务器请求提供各种服务，例如邮件服务、打印服务等。

这种工作方式也称为客户机/服务器模式，简称 C/S 模式。该模式提高了网络的服务效率，因此在局域网中得到了广泛应用。为了进一步减轻客户机的负担，使之不需安装特制的客户端软件，只需要浏览器软件就可以完成大部分工作任务，人们又开发了基于"瘦客户机"的浏览器/服务器（Browser/Server）模式，简称 B/S 模式。

（2）网卡

网卡是网络适配器（或称网络接口卡）的简称，是计算机和网络之间的物理接口。计算机通过网卡接入计算机网络。

不同的网络使用不同类型的网卡。目前常用的网卡有以太网卡、无线局域网卡、3G/4G 网卡等。表 8.2.1 为 3 种典型网卡的配置情况和网络类型。

表 8.2.1 典 型 网 卡

网 卡 类 型	计算机配置情况	网 络 类 型
以太网卡	台式计算机和笔记本电脑的标准配置	10 Mbps、100 Mbps、1 000 Mbps、10 Gbps 等以及适应不同速率的自适应网卡
无线局域网卡	笔记本电脑的标准配置	
3G/4G 上网卡	不是标准配置，需要购买	国内三大运营商（中国电信、中国移动和中国联通）的上网卡各不相同

网卡通常做成插件的形式插入到计算机的扩展槽中，而无线网卡不通过有线连接，而采用无线信号进行连接。根据通信线路的不同，网卡需要采用不同类型的接口，常见的接口有 RJ – 45 接口用于连接双绞线，光纤接口用于连接光纤，无线网卡用于无线网络，如图 8.2.9 所示。

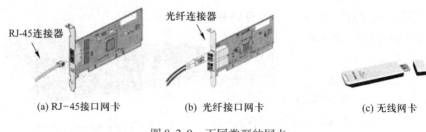

(a) RJ–45接口网卡　　　(b) 光纤接口网卡　　　(c) 无线网卡

图 8.2.9 不同类型的网卡

（3）连接设备

要将多台计算机连接成局域网，除了需要网卡、传输介质外，还需要交换机、路由器等连接设备。

① 交换机（Switch）。交换机是一个将多台计算机连接起来组成局域网的设备。交换机的特点是各端口独享带宽。例如，若一台交换机的带宽为100Mbps，则连接的每一台计算机都享有100 Mbps 的带宽，无须同其他计算机竞争使用。目前，局域网中主要采用交换机连接计算机。

交换机的带宽有 100 Mbps、1 000 Mbps 和 10 Gbps 以及自适应的。

② 路由器（Router）。交换机是局域网内部的连接设备，其作用是将多台计算机连接起来组成一个局域网。如果需要将局域网与其他网络（例如局域网、Internet）相连，此时需要路由器（Router）。相对于交换机来说，路由器是连接不同网络的设备，属网际互连设备。

路由器犹如网络间的纽带，可以把多个不同类型、不同规模的网络彼此连接起来组成一个更大范围的网络，使不同网络之间计算机的通信变得快捷、高效，让网络系统发挥更大的效益。例如，可以将学校机房内的局域网与路由器相连，再将路由器与 Internet 相连，最终机房中的计算机就可以接入 Internet 了，如图 8.2.10 所示。

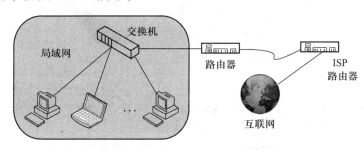

图 8.2.10 局域网通过路由器接入 Internet

③ 无线 AP（Access Point）。无线 AP 也叫无线接入点，用于无线网络的无线交换机，是无线网络的核心。无线 AP 是移动计算机进入有线网络的接入点，主要用于宽带家庭、大楼内部以及园区内部，典型距离覆盖几十米至上百米，目前主要技术为 802.11 系列。

大多数无线 AP 还带有接入点客户端模式（AP Client），可以和其他 AP 进行无线连接，延展网络的覆盖范围。

④ 无线路由器（Wireless Router）。无线路由器是纯粹 AP 与宽带路由器的一种结合体。它借助路由器功能，可实现家庭无线网络中的 Internet 连接共享，实现 ADSL 和小区宽带的无线共享接入。

（4）网络传输介质

传输介质是通信网络中发送方和接收方之间的物理通路，分为有线介质和无线介质。目前常用的介质有如下 3 种：

① 双绞线（Twisted Pair）。双绞线由两条相互绝缘的导线扭绞而成，如图 8.2.11 所示。双绞线价格比较便宜，也易于安装和使用，目前广泛应用在局域网中。

铜线　绝缘层

图 8.2.11　双绞线

② 光纤（Optical Fiber Cable）。光纤是光导纤维的简称，是一种利用光在玻璃或塑料制成的纤维中的全反射原理而达成的光传导工具。香港中文大学前校长高锟和 George A. Hockham 首先提出光纤可以用于通信传输的设想，高锟因此获得 2009 年诺贝尔物理学奖。

光纤具有传输速率高、可靠性高和损耗少等优点，其缺点是单向传输、成本高、连接技术比较复杂。光纤是目前和将来最具竞争力的传输媒体，目前光纤主要用于长距离的数据传输和网络的主干线，在高速局域网中也有应用。光纤结构和光缆如图 8.2.12 所示。

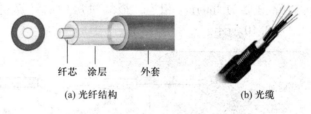

纤芯　涂层　　外套

(a) 光纤结构 　　　　　　　　(b) 光缆

图 8.2.12　光纤

③ 无线传输介质。随着无线传输技术的日益发展，其应用越来越被各行各业所接受。有人认为，将来只有两种通信——光纤的和无线的。所有固定设备（如台式计算机）将使用光纤，所有移动设备将使用无线通信。

目前，可用于通信的有无线电波、微波、红外线、可见光。无线局域网通常采用无线电波和红外线作为传输介质。采用无线电波的通信速率可达 54 Mbps，传输范围可达数十公里，红外线主要用于室内短距离的通信，例如两台笔记本计算机之间的数据交换。

利用无线传输介质可以组成无线局域网（Wireless WAN，WLAN）、无线城域网（Wireless MAN，WMAN）和无线广域网（Wireless Wide Area Network，WWAN）。

2. 局域网软件

局域网中所用到的网络软件主要有以下几类。

（1）网络操作系统

网络操作系统是具有网络功能的操作系统，主要用于管理网络中所有资源，并为用户提供各种网络服务。网络操作系统一般都内置了多种网络协议软件。目前常用的网络操作系统有 Windows Server、UNIX 和 Linux 等。

（2）网络协议软件

网络协议负责保证网络中的通信能够正常进行。目前在局域网上常用的网络协议是 TCP/IP 协议。

（3）网络应用软件

网络应用软件非常丰富，目的是为网络用户提供各种服务。例如，浏览网页的工具 Internet Explorer，下载文件的工具有迅雷、FlashGet 等。

8.2.3　局域网技术要素

决定局域网的主要技术要素有网络拓扑结构、传输介质与介质访问控制方法。按照不同技术要素的类别可决定局域网的特点与类型。

1. 网络拓扑结构

网络中的计算机等设备要实现互连，就需要以一定的结构方式进行连接，这种连接方式就叫做"拓扑结构"。不像广域网，局域网的拓扑结构一般比较规则，通常有总线型结构、环形结构、星形结构、树形结构等。

（1）星形结构

简单地说，在星形结构中每一台计算机（或设备）通过一根通信线路连接到一个中心设备（通常是交换机），如图 8.2.13 所示。计算机之间不能直接进行通信，必须由中心设备进行转发，因此中心设备必须有较强的功能和较高的可靠性。

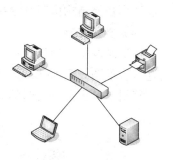

图 8.2.13　星形结构

星形结构结构简单、组网容易、控制和管理相对简单，因此是以太网中常见的拓扑结构之一。星形结构的缺点是对中央设备要求较高，如果中心设备出现故障，则整个网络的通信就会瘫痪。

（2）总线型结构

总线型结构就是将所有计算机都接入到同一条通信线路（即传输总线）上，如图 8.2.14（a）所示。在计算机之间按广播方式进行通信，每个计算机都能收到在总线上传播的信息，但每次只允许一个计算机发送信息。

总线型结构的主要优点是成本较低、布线简单、计算机增删容易，因此在早期的以太网中得到了广泛使用。其主要缺点是计算机发送信息时要竞用总线，容易引起冲突，造成传输失败，如图 8.2.14（b）所示。

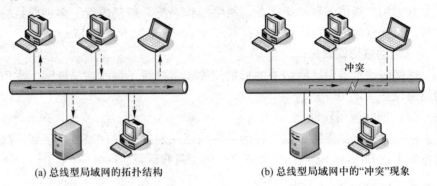

(a) 总线型局域网的拓扑结构　　　　(b) 总线型局域网中的"冲突"现象

图 8.2.14　总线型局域网

（3）环形结构

在环形结构中每个计算机都与两个相邻计算机相连，计算机之间采用通信线路直接相连，网络中所有计算机构成一个闭合的环，环中数据沿着一个方向绕环逐站传输，如图 8.2.15 所示。

环形结构的主要优点是结构简单、实时性强，主要缺点是可靠性较差，环上任何一个计算机发生故障都会影响到整个网络，而且难以进行故障诊断。目前环形拓扑结构由于其独特的优势主要运用于光纤网中。

（4）树形结构

树形结构是星形结构的一种变形，它是一种分级结构，计算机按层次进行连接，如图 8.2.16 所示。树枝节点通常采用集线器或交换机，叶子节点就是计算机。叶子节点之间的通信需要通过不同层的树枝节点进行。

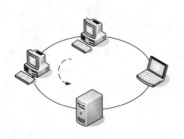

图 8.2.15　环形局域网的拓扑结构

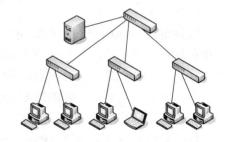

图 8.2.16　树形局域网的拓扑结构

树形结构除具有星形结构的优缺点外，最大的优点就是可扩展性好，当计算机数量较多或者分布较分散时，比较适合采用树形结构。目前树形结构在以太网中应用较多。

2. 介质访问控制方法

局域网大多是共享的，有的共享传输媒体，有的共享交换机，它们都存在着使用冲突问题，可通过介质访问控制方法得到解决。局域网的介质访问控制方法有很多，最常用的是载波侦听多路访问/冲突检测（Carrier Sense Multiple Access with Collision Detection，CSMA/CD）控制方法。

CSMA/CD 的思想很简单，可以概括为先听后发、边听边发、冲突停止、延迟重发。该思想来源于人们生活经验，例如，一个有多人参加的讨论会议，人们在发言前都会先听听有无其他人在发言，如没有则可以发言，否则必须等待其他人发言结束。这就是 CSMA 技术的思想。因为存在着"会有人不约而同地发言"的可能，一个人在开始发言时必须注意是否有其他人也在发言，如有则停止，等待一段随机长的时间再进行。这就是 CD 技术的思想。

8.2.4 常用局域网技术简介

从 20 世纪 80 年代以来，随着个人计算机的普及应用，局域网技术得到迅速发展和普及。为了统一局域网的标准，美国电气和电子工程师学会（Institute of Electrical and Electronics Engineers，IEEE）于 1980 年 2 月成立了局域网标准委员会（简称 IEEE 802 委员会），专门从事局域网标准化工作。IEEE 制定的局域网标准统称为 IEEE 802 标准，目前最常用的局域网标准有 IEEE 802.3（以太网）和 IEEE 802.11（无线局域网）两个。

为实现局域网内任意两台计算机之间的通信，要求网中每台计算机有唯一的地址。IEEE 802 标准为局域网中每台设备规定了一个 48 位的全局地址，称为介质访问控制地址，简称 MAC 地址或物理地址，它固化在网卡的 ROM 中，通常用十六进制数来表示，如 00 – 19 – 21 – 2E – DA – EC。

当局域网中某计算机需要发送数据时，数据中必须包含自己的物理地址和接收计算机的物理地址。在传输过程中，其他计算机的网卡都要检测数据中的目的物理地址，来决定是否应该接收该数据。可以使用 Windows 中的 ipconfig/all 命令来检查网卡的物理地址。

ipconfig 命令可用来查看 IP 协议的具体配置信息，其使用格式为：ipconfig/all。

例如，某台计算机使用 ipconfig/all 命令后显示的主要信息为：

Windows IP Configuration （IP 协议的配置信息）

    Host Name...................: jsjjc1 （计算机名）

    Node Type...................: Unknown（节点类型）

Ethernet adapter 本地连接 （以太网卡的配置信息）

Physical Address............... : 00 − 1A − 92 − 78 − 44 − 52

（网卡的物理地址）

IPv4 Address.................. : 192. 168. 7. 28   （IP 地址）

Subnet Mask................. : 255. 255. 255. 0   （子网掩码）

Default Gateway.............. : 192. 168. 7. 254   （默认网关）

1. 以太网

在古希腊，以太指的是青天或上层大气。在宇宙学中，曾经有人用"以太"来命名他们假想的充满宇宙的那种像空气一样的介质，而正是有这种介质电磁波才得以传播。在现代的计算机网络中，人们用以太网（Ethernet）命名当前广泛使用的采用共享总线型传输介质方式的局域网。

以太网是采用 IEEE 802.3 标准组建的局域网。以太网是有线局域网，在局域网中历史最为悠久，技术最为成熟，应用最为广泛，目前组建的局域网十之八九采用以太网技术。

以太网最初由美国 Xerox 公司研制成功，到目前为止已发展出四代产品。

① 标准以太网。1975 年推出，网络速率为 10 Mbps。

② 快速以太网（Fast Ethernet，FE）。1995 年推出，网络速率为 100 Mbps。

③ 千兆以太网（Gigabit Ethernet，GE）。1998 年推出，网络速率为 1 000 Mbps/1 Gbps。

④ 万兆以太网（10Gigabit Ethernet，10GE）。2002 年推出，网络速率为 10 000 Mbps/10 Gbps。

经过 40 年的飞速发展，以太网的连网方式从最初使用同轴电缆连接成总线型结构，发展到现在使用双绞线/光纤和集线器/交换机连接成星形/树形/网状结构，连接和管理也越来越方便。

2. 无线局域网

采用 IEEE 802.11 标准组建的局域网就是无线局域网（Wireless LAN，WLAN），它是 20 世纪 90 年代局域网与无线通信技术相结合的产物，采用红外线或者无线电波进行数据通信，能提供有线局域网的所有功能，同时还能按照用户的需要方便地移动或改变网络。目前无线局域网还不能完全脱离有线网络，它只是有线网络的扩展和补充。

架设无线局域网需要的网络设备主要有以下 3 种：

（1）无线网卡

无线网卡是计算机的无线网络接入设备，相当于以太网中的有线网卡。

（2）无线访问接入点（Access Point，AP）

在 AP 覆盖范围内的计算机可以通过它进行相互通信。各计算机通过无线网卡连接到无线 AP，如图 8.2.17 所示。笔记本电脑的无线网卡是标配的，台式计算机需要另外配置无线网卡。

（3）无线路由器

无线路由器不仅具有无线 AP 的功能，还具有路由器的功能，能够接入 Internet。笔记本电脑通过无线网卡，台式计算机通过以太网卡和网线连接到无线路由器，无线路由器再连接到 Internet，实现所有计算机上网，如图 8.2.17 和图 8.2.18 所示。这是目前很多家庭都使用的模式。

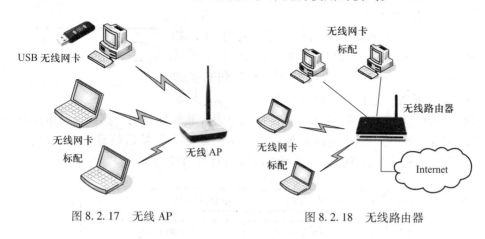

图 8.2.17　无线 AP　　　　　　图 8.2.18　无线路由器

8.3　Internet

Internet 是人类文明史上的一个重要里程碑。由于 Internet 的成功和发展，人类社会的生活理念正在发生变化，全世界已经连接成为一个地球村，成为一个智慧的地球。

8.3.1　Internet 基础与应用

1. IP 地址和域名

在社会中，每一个人都有一个身份证号码。在 Internet 上，每一台计算机也有一个身份证号码，即 IP 地址。Internet 采用 IPv4 方式，其 IP 地址占用 4 个字节 32 位。由于无法记住二进制形式的 IP 地址，所以 IP 地址通常以点分十进制形式表示。而点分十进制形式也难以让人记住，所以 Internet 上的服务器采用域名表示。用户上网时输入域名，由域名服务器将域名转换成为 IP 地址，如图 8.3.1 所示。例如，同济大学计算机基础教学网站服务器的 IP 地址和域名分别为：

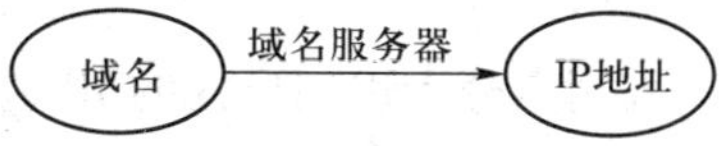

域名　——域名服务器→　IP地址

图 8.3.1　域名服务器

二进制形式 IP 地址：11001010 01111000 10111101 10010010

点分十进制形式：202.120.189.146

域名：jsjjc.tongji.edu.cn

Internet2 采用 IPv6 方式，其 IP 地址占 16 个字节 128 位。因此，粗略地估算，IPv6 中 IP 地址数是 IPv4 的 2^{96} 倍，可以满足未来对 IP 地址的需要。有人曾形象地比喻说，若 IPv4 是一把沙子，则 IPv6 是一片沙漠。

（1）IP 地址

IP 地址由网络地址和主机地址组成，如图 8.3.2 所示。根据网络规模的大小，IP 地址分成 A、B、C、D、E 五类，其中 A 类、B 类和 C 类地址为基本地址，它们的格式如图 8.3.3 所示。地址

图 8.3.2　IP 地址结构

数据中的全 0 或全 1 有特殊含义，不能作为普通地址使用。例如，网络地址 127 专用于测试，不可用做其他用途。如果某计算机发送信息给 IP 地址为 127.0.0.1 的主机，则此信息将传送给该计算机自身。

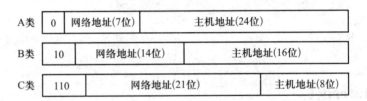

图 8.3.3　Internet 上的地址类型格式

① A 类地址。网络地址部分有 8 位，其中最高位为 0，所以第一字节的值为 1～126（0 和 127 有特殊用途），即只能有 126 个网络可获得 A 类地址。主机地址是 24 位，一个网络中可以拥有主机 $2^{24}-2$（16 777 214）台。A 类地址用于大型网络。

② B 类地址。网络地址部分有 16 位，其中最高两位为 10，所以第一字节的值为 128～191（10000000B～10111111B）之间。主机地址也是 16 位，一个网络可含有 $2^{16}-2=65\ 534$ 台主机。B 类地址用于中型网络。

③ C 类地址。网络地址部分有 24 位，其中最高 3 位为 110，所以第一字节地址范围在 192～223（11000000B～11011111B）之间。主机地址是 8 位，一个网络可含有 $2^{8}-2=254$ 台主机。C 类地址用于主机数量不超过 254 台的小型网络。

采用点分十进制形式的 IP 地址很容易通过第一字节的值识别是属于哪一类的。例如，202.112.0.36 是 C 类地址。

由于地址资源紧张，因而在 A、B、C 类 IP 地址中，按表 8.3.1 所示的范

围保留部分地址，保留的 IP 地址段不能在 Internet 上使用，但可重复地使用在各个局域网内。

表 8.3.1　保留的 IP 地址段

网络类别	地 址 段	网 络 数
A 类网	10. 0. 0. 0 ~ 10. 255. 255. 255	1
B 类网	172. 16. 0. 0 ~ 172. 31. 255. 255	16
C 类网	192. 168. 0. 0 ~ 192. 168. 255. 255	256

（2）域名

由于数字形式的 IP 地址难以记忆和理解，为此，使用域名标识 Internet 上的服务器。

① 域名结构。域名采用层次结构，整个域名空间好似一个倒置的树，树上每个节点上都有一个名字。一台主机的域名就是从树叶到树根路径上各个节点名字的序列，中间用"."分隔，如图 8.3.4 所示。

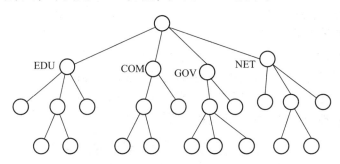

图 8.3.4　域名空间结构

域名也用点号将各级子域名分隔开来，例如 jsjjc. tongji. edu. cn。域名从右到左（即由高到低或由大到小）分别称为顶级域名、二级域名、三级域名等。典型的域名结构如下：

主机名 . 单位名 . 机构名 . 国家名

例如，jsjjc. tongji. edu. cn 域名表示中国（cn）教育机构（edu）同济大学（tongji）校园网上的一台主机（jsjjc）。

② 顶级域名。顶级域名分为两类：一类是国际顶级域名，共有 14 个，如表 8.3.2 所示；一类是国家顶级域名，用两个字母表示世界各个国家和地区，例如，cn 表示中国，hk 表示中国，jp 表示日本，us 表示美国，de 表示德国，gb 表示英国，如表 8.3.2 所示。

表 8.3.2 类型域名例子

域 名	意 义	域 名	意 义	域 名	意 义
com	商业类	edu	教育类	gov	政府部门
int	国际机构	mil	军事类	net	网络机构
org	非盈利组织	arts	文化娱乐	arc	康乐活动
firm	公司企业	info	信息服务	nom	个人
stor	销售单位	web	与 WWW 有关单位		

③ 中国国家顶级域名。中国国家顶级域名即是 cn，由国家工业和信息化部管理，注册的管理机构为中国互联网信息中心（CNNIC）。与 cn 对应的中文顶级域名"中国"于 2009 年生效，并自动把 cn 的域名免费升级为"中国"，同时支持简体和繁体。

二级域名分为类别域名和行政区域名两类。其中，行政区域名对应我国的各省、自治区和直辖市，采用两个字符的汉语拼音表示。例如，bj 表示北京市、sh 表示上海市等。

（3）IP 地址的获取

一台计算机获得了 IP 地址后才能上网。获取 IP 地址的方法有三种：PPPoE 拨号上网获得、自动获取、手动设置。手动设置时，除了需要设置本机的 IP 地址，还需要设置子网掩网、默认网关和 DNS 服务器，如图 8.3.5 所示，这些 IP 地址都是申请时从 ISP 处获得的。

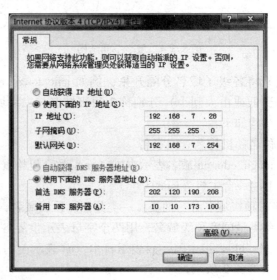

图 8.3.5 设置 IP 地址

① 子网掩码。组网时，经常会遇到网络号不足的情况，此时几个规模较小的网络可以共用一个网络号。也就是说，网络允许划分成更小的网络，称为子网（Subnet），子网号是主机号的前几位。例如，3 个 LAN，主机数为 10、30、20，远少于 C 类地址允许的主机数。为这 3 个 LAN 申请 3 个 C 类 IP 地址显然有点浪费，可使用一个 C 类 IP 地址，再分割成 3 个子网。这个网络中的 IP 地址可以采用下列方式：

$$\underbrace{11000000\ 10101000\ 00000001}_{\text{网络号}}\ \underbrace{XXX}_{\text{子网号}}\underbrace{YYYYY}_{\text{主机号}}$$

为了判断计算机属于哪一个子网就需要子网掩码了。子网掩码与 IP 地址进行"与"运算就可知道子网号了。例如，IP 地址为 192.168.1.163，子网掩码为 255.255.255.224，进行下列运算：

IP 地址：　11000000 10101000 00000001 10100011　192.168.1.163
子网掩码：　11111111 11111111 11111111 11100000　255.255.255.224
　结果：　11000000 10101000 00000001 10100000　192.168.1.160

根据运算结果可以知道，网络号为 192.168.1，子网号为 5。

② 默认网关。网关是一种网络互连设备，用于连接两个协议不同的网络。通俗地说，网关是一台计算机通向 Internet 的具有 IP 地址的一个网络设备。默认网关的意思是一台主机如果找不到可用的网关，就把数据发给默认指定的网关，由这个网关来处理数据。一台计算机的默认网关是不可以随随便便指定的，必须正确指定，否则一台计算机就不能上网了。

③ DNS 服务器。DNS 服务器是将域名转换成 IP 地址的服务器。手动设置时，若没有指定正确的 DNS 服务器，则计算机不能通过输入域名上网，只能输入相应的 IP 地址。

2. Internet 接入

Internet 服务提供商（Internet Service Provider，ISP）是接入 Internet 的桥梁。无论是个人还是单位的计算机都不是直接连到 Internet 上的，而是采用某种方式连接到 ISP 提供的某一台服务器上，通过它再连到 Internet。

接入网（Access Network，AN）为用户提供接入服务，它是骨干网络到用户终端之间的所有设备。其长度一般为几百米到几公里，因而被形象地称为"最后一公里"。接入技术就是接入网所采用的传输技术。

Internet 接入技术主要有 ADSL（Asymmetrical Digital Subscriber Line，非对称数字用户环路）接入、有线电视接入、光纤接入和无线接入。

这些接入技术都可以使一台计算机接入到 Internet 中。如果要使用同一个账号使一批计算机接入 Internet，那就需要采用共享方法。

（1）ADSL

ADSL 是一种利用电话线和公用电话网接入 Internet 的技术。它通过专用的 ADSL Modem 连接到 Internet，其接入方式如图 8.3.6 所示。

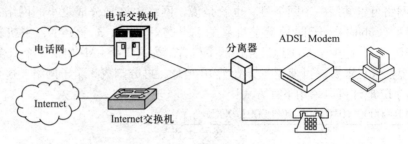

图 8.3.6　ADSL 接入方式

ADSL 是一种宽带的接入方式，具有下载速率高、上网和打电话兼顾、安装方便等优点，因而成为家庭上网的主要接入方式。

（2）有线电视接入

有线电视接入是一种利用有线电视网接入到 Internet 的技术。它通过 Cable Modem（线缆调制解调器）连接有线电视网，进而连接到 Internet，也是一种宽带的 Internet 接入方式。接入示意如图 8.3.7 所示。

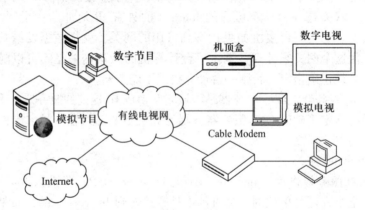

图 8.3.7　有线电视接入示意图

有线电视接入能够兼顾上网、收看模拟节目和数字点播，但是带宽是整个社区用户共享的，一旦用户数增多，每个用户所分配的平均带宽就会迅速下降，所以不是家庭上网的主要接入方式。

（3）光纤接入

光纤接入（FTTH，光网）是一种以光纤为主要传输介质的接入技术。用户通过光纤 Modem 连接到光网络，再通过 ISP 的骨干网出口连接到 Internet，是一种宽带的 Internet 接入方式。

光纤接入的主要特点是带宽高、端口带宽独享、抗干扰性能好、安装方便。由于光纤本身高带宽的特点，光纤接入的带宽很容易就到 20 M、100 M，升级很方便而且还不需要更换任何设备。光纤信号不受强电、电磁和雷电的干扰。光纤体积小、重量轻容易施工。

（4）无线接入方式

个人计算机或者移动设备可以通过无线局域网连接到 Internet。在一些校园、机场、饭店、展会、休闲场所等公共场所内，由电信公司或单位统一部署了无线接入点，建立起无线局域网，并接入 Internet，如图 8.3.8 所示。如果用户的笔记本电脑配备了无线网卡，就可以在 WLAN 覆盖范围之内加入 WLAN，通过无线方式接入 Internet。具有 WiFi 功能的移动设备（如智能手机、iPad 等）就能利用 WLAN 接入 Internet。

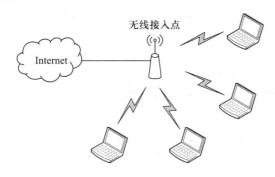

图 8.3.8 无线局域网接入

例如，有的学校在校园里布置了无线接入点（Access Point，AP），在无线接入点覆盖范围之内的笔记本电脑就能上网了。无线接入点同时能接入的计算机数量有限，一般为 30～100 台。

（5）共享接入

前面的接入方式都是使一台计算机使用一个账号接入 Internet。如果要使一批计算机共用一个账号接入 Internet，就要使用共享接入技术。目前共享接入一般都是通过使用路由器实现的，即计算机连接到路由器，路由器接入到 Internet。

通过路由器使一批计算机接入到 Internet，连接示意如图 8.3.9 所示。路由器上一般有 WAN 端口和 LAN 端口两种连接口。WAN 端口连接 Internet，而 LAN 端口连接内部局域网。WAN 端口的 IP 地址一般是 Internet 上的公有 IP 地址，而 LAN 端口的 IP 地址一般是局域网保留的 IP 地址。

随着技术的发展，家庭无线路由器开始普及，这些路由器除了路由的基本功能外还具有无线 AP 的功能。这些廉价的路由器最主要的功能就是共享接入，即可以通过双绞线连接，也可以通过无线连接，非常方便。例如，在家

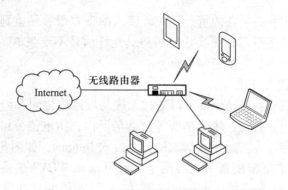

图 8.3.9 无线路由器接入 Internet 示意图

庭里，通过无线路由器使家里的计算机和无线设备都能接入 Internet。

3. Internet 应用

（1）WWW 服务

WWW（World Wide Web，万维网）是 Internet 上应用最广泛的一种服务。通过 WWW，任何一个人都可以访问世界上每一个地方，检索、浏览或发布信息。

① 网页和 Web 站点。浏览器访问服务器时所看到的画面称为网页（又称 Web 页）。多个相关的网页合在一起便组成一个 Web 站点，如图 8.3.10 所示。从硬件的角度上看，放置 Web 站点的计算机称为 Web 服务器；从软件的角度上看，它指提供 WWW 服务的服务程序。

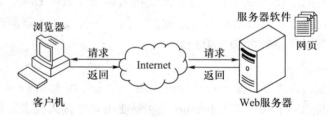

图 8.3.10 WWW 服务

用户输入域名访问 Web 站点时看到的第一个网页称为主页（Home Page），它是一个 Web 站点的首页。从主页出发，通过超链接可以访问所有的页面，也可以连接到其他网站。主页文件名一般为 index.html 或者 default.html。如果将 WWW 视为 Internet 上一个大型图书馆，Web 站点就像图书馆中的一本本书，主页则像是一本书的封面或目录，而 Web 页则是书中的某一页。

② URL。为了使客户程序能够找到位于整个 Internet 范围的某个信息资源，WWW 系统使用统一资源定位（Uniform Resource Locator，URL）规范。

URL 由资源类型、存放资源的主机名、端口号、资源文件名 4 部分组成，如图 8.3.11 所示。

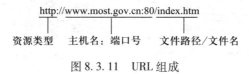

图 8.3.11　URL 组成

● http：表示客户端和服务器使用 HTTP 协议，将远程 Web 服务器上的网页传输给用户的浏览器。

● 主机名：提供此服务的计算机域名。

● 端口号：一种特定服务的软件标识，用数字表示。一台拥有 IP 地址的主机可以提供许多服务，比如 Web 服务、FTP 服务、SMTP 服务等，主机通过"IP 地址 + 端口号"来区分不同的服务。端口号通常是默认的，如 WWW 服务器使用的是 80，一般不需要给出。

● 文件路径/文件名：网页在 Web 服务器中的位置和文件名。URL 中如果没有给出，则表示访问 Web 站点的主页。

③ 浏览器和服务器。WWW 采用客户机/服务器工作模式。用户在客户机上使用浏览器发出访问请求，服务器根据请求向浏览器返回信息，如图 8.3.10 所示。

浏览器和服务器之间交换数据使用超文本传输协议（Hypertext Transfer Protocol，HTTP）。为了安全，可以使用 HTTPS 协议。

常用的浏览器软件有 Microsoft Internet Explorer、360 安全浏览器、Mozilla Firefox。常用的 Web 服务器软件有 Microsoft IIS、Apache 和 Tomcat。

（2）文件传输

文件传输服务是一种在两台计算机之间传送文件的服务，因使用文件传输协议（File Transfer Protocol，FTP）而得名。

FTP 采用客户机/服务器工作方式，如图 8.3.12 所示。用户的本地计算机称为 FTP 客户机，远程提供 FTP 服务的计算机称为 FTP 服务器。从远程服务器上将文件复制到本地计算机称为下载（Download），将本地计算机上的文件复制到远程服务器上称为上传（Upload）。

构建服务器的常用软件是 IIS（包含有 FTP 组件）和 Serv – U FTP Server。客户机上使用 FTP 服务的常用软件有 Internet Explorer 以及专用软件 CutFTP。

访问 FTP 服务器有以下两种方式。

① 匿名方式，不使用账号和密码。例如

FTP：//JSJJC. TONGJI. EDU. CN

这种形式相当于使用了公共账号 Anonymous，密码是任意一个有效的 E – mail

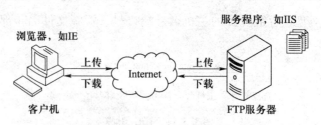

图 8.3.12 FTP 服务

地址或 Guest。

② 使用账号和密码。例如

FTP：//Users：123456@ JSJJC. TONGJI. EDU. CN

其中 Users 是账号，123456 是密码。

FTP 用户的权限是在 FTP 服务器上设置的。不同的 FTP 用户拥有不同的权限。

（3）电子邮件

电子邮件（E – mail）是 Internet 上的一种现代化通信手段。在电子邮件系统中，负责电子邮件收发管理的计算机称为邮件服务器，分为发送邮件服务器和接收邮件服务器。

每个用户经过申请，都可以拥有属于自己的电子邮箱。每个电子邮箱都有一个唯一的邮件地址，邮件地址的组成为：

邮箱名@ 邮箱所在的主机域名

例如，yzq98k@ 163. com 是一个邮件地址，它表示邮箱的名字是 yzq98k，邮箱所在的主机是 163. com。

收发电子邮件的专用软件有 Outlook Express、Foxmail 等。发送邮件时使用的协议是 SMTP（Simple Mail Transfer Protocol），接收邮件时使用的协议是 POP3（Post Office Protocol Version 3）。

（4）其他应用

① 即时通讯。即时通讯（Instant Messenger，IM）是 Internet 提供的一种能够即时发送和接收信息的服务。现在即时通讯不再是一个单纯的聊天工具，它已经发展成集交流、资信、娱乐、搜索、电子商务、办公协作和企业客户服务等为一体的综合化信息平台。随着移动互联网的发展，即时通讯也在向移动化发展，用户可以通过手机收发消息。

常用的即时通讯服务有腾讯的 QQ 和微信、新浪的 UC 等。

② 博客和微博。博客（Blog），又称为网络日志，是一种通常由个人管理、不定期张贴新的文章的网站，是社会媒体网络的一部分。

微博（MicroBlog）是一个基于用户关系的信息分享、传播以及获取的平台。用户可以通过微博组建个人社区，以 140 字左右的文字更新信息，并实现即时分享。最早也是最著名的微博是美国的 twitter，我国使用最广泛的是新浪微博。

③ 虚拟专用网络。虚拟专用网络（Virtual Private Network，VPN）是一种远程访问技术。远程访问是指，出差在外地的员工访问单位内网的服务器资源。实现远程访问的一种常用技术就是 VPN，即在 Internet 上专门架设一个专用网络。

VPN 实现方案是在单位内网中架设一台 VPN 服务器，它既连接内网，又连接公网。不在单位的员工通过 Internet 找到 VPN 服务器，然后通过它进入单位内网。从用户的角度来说，使用 VPN 后，外地用户的计算机如同单位内网上的计算机一样，这就是为什么 VPN 应用广泛的原因。

为了保证数据安全，VPN 服务器和客户机之间的通信数据都进行了加密处理。

④ 远程桌面。远程桌面（Remote Desktop，RDP）是让用户在本地计算机上控制远程计算机的一种技术。有了远程桌面功能后，用户可以操纵远程的计算机，如安装软件、运行程序等，所有的一切都好像是在本地计算机上操作一样。

使用远程桌面不需要安装专用的软件，只需进行简单的设置。设置方法如下。

● 在远程计算机上的"系统属性"窗口中选择"远程"选项卡，选定"允许远程协助连接这台计算机"选项，如图 8.3.13 所示。

图 8.3.13　远程计算机开启设置远程桌面功能

● 在本地计算机上运行"附件"|"远程桌面连接"程序，输入远程计算机的域名或 IP 地址，再输入远程计算机的密码，如图 8.3.14 所示。

图 8.3.14 本地计算机连接远程计算机

8.3.2 信息浏览和检索

在 WWW 上，浏览信息是 Internet 最基本的功能，而信息大都使用超文本标记语言（Hypertext Markup Language，HTML）组织成网页形式。

HTML 是用于描述网页文档的标记语言，由万维网协会（W3C）于 20 世纪 80 年代制定，最新版本是 HTML 5。

例 8.2 一个用 HTML 语言编写的简单网页，浏览效果如图 8.3.15 所示。

```
< Html >
    < Head >
        < Title > 我的网站 </ Title >
    </ Head >
    < Body >
        < h2 align = " center " > < font face = " 方正舒体 " > 我的第一个主
        页 </ font > </ h2 >
        < p align = " center " >
        < font color = " #FF0000 " size = " 5 " > welcome to my homepage
        </ font >
    </ Body >
</ Html >
```

图 8.3.15 网页设计工具

说明：HTML 文档由头部（Head）和主体（Body）两大部分组成。头部描述浏览器所需要的信息，主体包含所要说明的具体内容。这种结构的基本格式如下：

< Html >

    < Head >

        < Title > 网页标题 </Title >

        …

    </Head >

    < Body >

        …

    </Body >

</Html >

HTML 可以说是迄今为止最为成功的标记语言，由于其简单易学，因而在网页设计领域被广泛应用。但 HTML 也存在缺陷，主要表现太简单、太庞大、数据与表现混杂的缺点，难以满足日益复杂的网络应用需求。所以在 HTML 的基础上发展起来了 XHTML。

可扩展超文本标记语言（The Extensible Hypertext Markup Language，XHTML）是一个基于可扩展标记语言（The Extensible Markup Language，XML）的语言，它结合了 XML 的强大功能及 HTML 的简单特性，因而可以看成是一种增强了的 HTML，它的可扩展性和灵活性将适应未来网络应用的更多需求。

信息浏览可以分为三个层次：基本使用、搜索引擎、文献检索。

1. 基本使用

使用浏览器浏览信息时，只要在浏览器的地址栏中输入相应的 URL 或 IP 地址即可。例如，浏览教育部主页，只需在浏览器的地址栏中输入"http://www. moe. gov. cn"，如图 8.3.16 所示，然后通过点击主页上的超链接，就可以浏览其他相关的内容了。

图 8.3.16 Internet Explorer 的窗口

浏览网页时，可以用不同方式保存整个网页或保存其中的文本、图片等。保存当前网页时要指定保存类型。常用的保存类型有以下两种。

① 全部网页（ *.htm；*.html）。保存整个网页，网页中的图片被保存在一个与网页同名的文件夹内。

② Web 档案，单一文件（ *.mht）。把整个网页的文字和图片一起保存在一个 mht 文件中。

2. 搜索引擎

搜索引擎是用来搜索网上资源的工具。自 1994 年，斯坦福（Stanford）大学的 David Filo 和美籍华人杨致远（Gerry Yang）共同创办了超级目录索引 Yahoo 以后，搜索引擎的概念便深入人心，并从此进入高速发展时期。目前，Internet 上的搜索引擎已达数百家。国内常用的搜索引擎如表 8.3.3 所示。

表 8.3.3 国内常用搜索引擎

搜索引擎名称	URL 地址	说 明
百度	http://www.baidu.com	全球最大的中文搜索引擎
谷歌	http://google.com.hk	全球最大的搜索引擎
搜搜	http://www.soso.com	腾讯公司的搜索引擎

续表

搜索引擎名称	URL 地址	说　明
搜狗	http://www.sogou.com	搜狐公司的搜索引擎
必应	http://cn.bing.com	微软公司的搜索引擎

搜索引擎并不真正搜索 Internet，它搜索的是预先整理好的网页索引数据库。当用户以某个关键词查找时，所有在页面内容中包含了该关键词的网页都将作为搜索结果被搜出来。在经过复杂的算法进行排序后，这些结果将按照与搜索关键词的相关度高低依次排列，呈现给用户的是到达这些网页的链接。搜索结果中的网页快照是保存数据库中的网页，访问速度快，但网页可能会凌乱。

除了搜索网页以外，各搜索引擎都提供了许多重要的分类搜索。如百度提供的重要分类搜索如下：

- 百度百科。内容开放、自由的网络百科全书。
- 百度地图。网络地图搜索服务。

3. 文献检索

文献检索是指将文献按一定的方式组织和存储起来，并根据用户的需要找出有关文献的过程。在 Internet 上进行文献检索，因为其具有速度快、耗时少、查阅范围广等显著优点，正日益成为科研人员的一项必备技能。

（1）文献数据库

为方便利用计算机进行文献检索，在 Internet 上建立了许多文献数据库，存放了数字化的文献信息和动态性信息。用户可以从这些数据库中以文献的关键字、作者、发表年份等查找相关文献，最后以 PDF 或 CAJ 文件格式呈现给用户。目前各高校的图书馆都陆续引进了一些大型文献数据库，如中国知网、万方数字资源系统、维普中国科技期刊、IEEE/IEE（IEL）等，这些电子资源以镜像站点的形式链接在校园网上供校内师生使用，各学校的网络管理部门通常采用 IP 地址控制访问权限，在校园网内进入时无需账号和密码。

文献数据库常用的网络资源有学术期刊、博士学位论文、优秀硕士论文、重要会议论文等。

为了满足高等院校广大师生文献检索的需要，我国还建立了中国高等教育文献保障系统（China Academic Library & Information System，CALIS），把国家的投资、现代图书馆理念、先进的技术手段、高校丰富的文献资源和人力资源结合起来，实现信息资源共建、共知、共享，以发挥最大的社会效益和经济效益。

（2）文献检索方法

文献数据库众多，检索方法不尽相同。一般来说，使用文献数据库检索文献，首先要选择合适的数据库，然后在该数据库的检索页面中指定关键词等信息。例如，图 8.3.17 是在维普中国科技期刊数据库中检索关键词"信息安全"的文献。

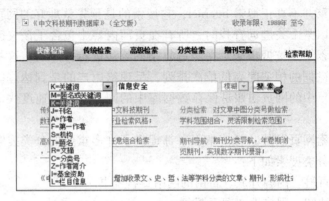

图 8.3.17　在维普中国科技期刊数据库中检索

另外，各大搜索引擎也提供了文献搜索，如百度学术搜索（http://open. baidu. com）、Google 学术搜索（http://scholar. google. com）。

在 Internet 上检索到的文献很多是需要付费下载的，所以可将以上两种手段结合起来使用，首先通过百度或 Google 的学术搜索查找到文献的出处，然后再到学校图书馆的相应数据库中检索并下载文献的全文。

8.4　网络安全基础

网络的安全威胁主要来自于自然灾害、系统故障、操作失误和人为的蓄意破坏，对前 3 种威胁的防范可以通过加强管理和采取各种技术手段来解决，而对于病毒的破坏和黑客的攻击等人为的蓄意破坏则需要进行综合防范。

随着网络技术的发展，网络通信及其应用日益普及，网络安全问题则越来越严重，用户必须了解常见的网络安全威胁，掌握必要的防范措施，防止泄露自己的重要信息。

8.4.1　网络病毒及其防范

1．网络病毒概述

1988 年 11 月，美国康乃尔大学（Cornell University）的研究生罗伯特·莫里斯（Robert Morris）利用 UNIX 操作系统的一个漏洞，制造出一种蠕虫病毒，造成连接美国国防部、美军军事基地、宇航局和研究机构的 6 000 多台计算机瘫痪数日，这就是第一个在网络上传染的计算机病毒。

计算机病毒是指编制或者在计算机程序中插入的破坏计算机功能或者数据，影响计算机使用并且能够自我复制的一组计算机指令或者程序代码。传统单机病毒主要以破坏计算机的软、硬件资源为目的，具有破坏性、传染性、隐蔽性和可触发性等特点。随着反病毒技术的日益成熟，这些传统单机病毒已经比较少见了。

网络病毒主要通过计算机网络来传播，病毒程序一般利用操作系统中存在的漏洞，通过电子邮件附件和恶意网页浏览等方式来进行传播，其破坏性和危害性都非常大。网络病毒主要分为蠕虫病毒和木马病毒两大类。

（1）蠕虫病毒

蠕虫病毒通过网络连接不断传播自身的复本（或蠕虫的某些部分）到其他的计算机上，这样不仅消耗了大量的本机资源，而且占用了大量的网络带宽，导致网络堵塞而使网络服务拒绝，最终造成整个网络系统的瘫痪。

蠕虫病毒主要通过系统漏洞、电子邮件、在线聊天和局域网下的文件夹共享等功能进行传播。

（2）木马病毒

特洛伊木马（Trojan Horse）原指古希腊士兵藏在木马内进入敌方城市从而攻占城市的故事。木马病毒是一段计算机程序，由客户端（一般由黑客控制）和服务端（隐藏在感染了木马的用户机器上）两部分组成。服务端的木马程序会在用户机器上打开一个或多个端口与客户端进行通信，这样黑客就可以窃取用户机器上的账号和密码等机密信息，甚至可以远程控制用户的计算机，如删除文件、修改注册表、更改系统配置等。

木马病毒一般是通过电子邮件、在线聊天工具（如 MSN 和 QQ 等）和恶意网页等方式进行传播，多数都是利用了操作系统中存在的漏洞。

2. 网络病毒的防范

远离病毒的关键是做好预防工作，在思想上予以足够的重视，采取"预防为主，防治结合"的方针。

预防网络病毒首先必须了解网络病毒进入计算机的途径，然后想办法切断这些入侵的途径就可以提高网络系统的安全性，下面是常见的病毒入侵途径及相应的预防措施。

（1）通过安装插件程序

用户浏览网页的过程中经常会提示安装某个插件程序，有些木马病毒就是隐藏在这些插件程序中，如果用户不清楚插件程序的来源就应该禁止其安装。

（2）通过浏览恶意网页

由于恶意网页中嵌入了恶意代码或病毒，用户在不知情的情况下单击这样的恶意网页就会感染上病毒，所以不要去随便单击那些具有诱惑性的恶意站点。另外，可以安装 360 安全卫士和 Windows 清理助手等工具软件来清除那些恶意软件，修复被更改的浏览器地址。

（3）通过在线聊天

如"MSN 病毒"就是利用 MSN 向所有在线好友发送病毒文件，一旦中毒就有可能导致用户数据泄密。对于通过聊天软件发送来的任何文件，都要经过确认后再运行，不要随意点击聊天软件发送来的超链接。

（4）通过邮件附件

通常是利用各种欺骗手段诱惑用户点击的方式进行传播，如"爱虫病毒"，邮件主题为"I LOVE YOU"，并包含一个附件，一旦打开这个邮件，系统就会自动向通信簿中的所有联系人发送这个病毒的复本，造成网络系统严重拥塞甚至瘫痪。防范此类病毒首先得提高自己的安全意识，不要轻易打开带有附件的电子邮件。其次是安装杀毒软件并启用"邮件发送监控"和"邮件接收监控"功能，提高对邮件类病毒的防护能力。

（5）通过局域网的文件共享

关闭局域网下不必要的文件夹共享功能，防止病毒通过局域网进行传播。

以上传播方式大都利用了操作系统或软件中存在的安全漏洞，所以应该定期更新操作系统，安装系统的补丁程序，也可以用一些杀毒软件进行系统的"漏洞扫描"，并进行相应的安全设置，提高计算机和网络系统的安全性。

8.4.2 网络攻击及其防范

1. 黑客攻防

黑客（Hacker）一般指的是计算机网络的非法入侵者，他们大都是程序员，对计算机技术和网络技术非常精通，了解系统的漏洞及其原因所在，喜欢非法闯入并以此作为一种智力挑战而沉醉其中。还有一些黑客则是为了窃取用户的机密信息，盗用系统资源或出于报复心理而恶意毁坏某个信息系统等。为了尽可能地避免受到黑客攻击，先了解黑客常用的攻击手段和方法，然后才能有针对性地进行防范。

（1）黑客攻击方式

① 密码破解。如果不知道密码而随便输入一个，猜中的概率就像彩票中奖的概率一样。但是如果连续测试 1 万个或更多的口令，那么猜中的概率就会非常高，尤其是利用计算机进行自动测试。

现假设密码只有 8 位，每一位可以是 26 个字母和 10 个数字，那每一位的选择就有 62 种，密码的组合可达 62^8 个，如果逐个去验证所需时间太长，所以黑客一般会利用密码破解程序尝试破解那些用户常用的密码，如生日、手机号、门牌号、姓名加数字，等等。

应对的策略就是使用安全密码，首先在注册账户时设置强密码（8～15位左右），采用数字与字母的组合，这样不容易被破解。其次在电子银行和电子商务交易平台尽量采用动态密码（每次交易时密码会随机改变），并且使用鼠标单击模拟数字键盘输入而不通过键盘输入，可以避免黑客通过记录键盘输入而获取自己的密码。

② 网络监听。黑客通过改变网卡的操作模式接收流经该计算机的所有信息包，截获其他计算机的数据报文或口令。例如，当用户 A 通过 Telnet 远程登录到用户 B 的机器上以后，黑客就可能会通过类似于 Sniffit 网络监听软件截获用户的 Telnet 数据包。

应对的措施就是对传输的数据进行加密，即使被黑客截获，也无法得到正确的信息。

③ 网络钓鱼（即网络诈骗）。网络钓鱼（Phishing）就是黑客利用具有欺骗性的电子邮件和伪造的 Web 站点来进行网络诈骗活动，受骗者往往会泄露自己的敏感信息，如信用卡账号与密码、银行账户信息、身份证号码等。

通常诈骗者将自己伪装成网络银行、在线零售商和信用卡公司等，向用户发送类似紧急通知，身份确认等虚假信息，并诱导用户点击其邮件中的超链接，用户一旦点击超链接，将进入诈骗者精心设计的伪造网页，骗取用户的私人信息。

例如，骗取 Smith Barney 银行用户账号和密码的"网络钓鱼"电子邮件，该邮件利用了 IE 的图片映射地址欺骗漏洞，用一个显示假地址的弹出窗口遮挡住了 IE 浏览器的地址栏，如图 8.4.1 所示，使用户无法看到此网站的真实地址。当用户单击超链接时，实际连接的是钓鱼网站 http://＊＊.41.155.60：87/s，该网站页面酷似 Smith Barney 银行网站的登录界面，如图 8.4.2所示，用户一旦输入自己的账号与密码，这些信息就会被发送给黑客。

防范此类网络诈骗的最简单方法就是不要轻易点击邮件发送来的超链接，除非是确实信任的网站，一般都应该在浏览器的地址栏中输入网站地址进行访问。其次是及时更新系统，安装必要的补丁程序，堵住软件的漏洞。

④ 端口扫描。利用一些端口扫描软件（如 IP Hacker 等）对被攻击的目标计算机进行端口扫描，查看该机器的哪些端口是开放的，然后通过这些开放的端口发送木马程序到目标计算机上，利用木马来控制被攻击的目标。例如，"冰河 V8.0"木马就利用了系统的 2001 号端口。

应对的措施是只有真正需要的时候才打开端口，不为未识别的程序打开

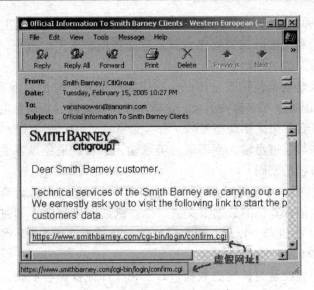

图 8.4.1 钓鱼邮件

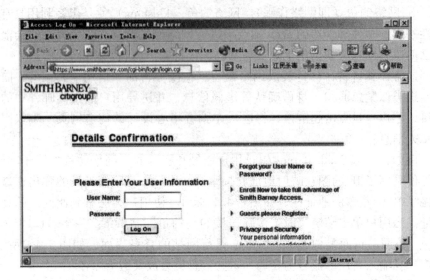

图 8.4.2 伪造的登录界面

端口，端口不需要时立即将其关闭，不需要上网时断开网络连接。

（2）防止黑客攻击的策略

① 身份认证。通过密码、指纹、面部特征（照片）或视网膜图案等特征信息来确认用户身份的真实性，只对确认了的用户给予相应的访问权限。

② 访问控制。系统应当设置入网访问权限、网络共享资源的访问权限、目录安全等级控制、防火墙的安全控制等，通过各种安全控制机制的相互配

合，才能最大限度地保护系统免遭黑客的攻击。

③ 审计。记录网络上用户的注册信息，如注册来源、注册失败的次数等，记录用户访问的网络资源等，当遭到黑客攻击时，这些数据可以用来帮助调查黑客的来源，并作为证据来追踪黑客，也可以通过对这些数据的分析来了解黑客攻击的手段，以找出应对的策略。

④ 保护 IP 地址。通过路由器可以监视局域网内数据包的 IP 地址，只将带有外部 IP 地址的数据包路由到 Internet 中，其余数据包被限制在局域网内，这样可以保护局域网内部数据的安全。路由器还可以对外屏蔽局域网内部计算机的 IP 地址，保护内部网络的计算机免遭黑客的攻击。

2. 防火墙

防火墙是位于计算机与外部网络之间或内部网络与外部网络之间的一道安全屏障，其实质就是一个软件或者是软件与硬件设备的组合。用户通过设置防火墙提供的应用程序和服务以及端口访问规则，达到过滤进出内部网络或计算机的不安全访问，从而提高网络和计算机系统的安全性和可靠性。

（1）防火墙的功能

防火墙的主要功能包括用于监控进出内部网络或计算机的信息，保护内部网络或计算机的信息不被非授权访问、非法窃取或破坏，过滤不安全的服务，提高企业内部网的安全，并记录了内部网络或计算机与外部网络进行通信的安全日志，如通信发生的时间和允许通过的数据包和被过滤掉的数据包信息等，还可以限制内部网络用户访问某些特殊站点，防止内部网络的重要数据外泄等。

例如，用 Internet Explorer 浏览网页、Outlook Express 收发电子邮件，如果没有启用防火墙，那么所有通信数据就能畅通无阻地进出内部网络或用户的计算机。启用防火墙以后，通信数据就会根据防火墙设置的访问规则受到限制，只有被允许的网络连接和信息才能与内部网络或用户计算机进行通信。

（2）Windows 防火墙

在 Windows 操作系统中自带了一个 Windows 防火墙，用于阻止未授权用户通过 Internet 或网络访问用户计算机，从而帮助保护用户的计算机。

Windows 防火墙能阻止从 Internet 或网络传入的"未经允许"的尝试连接。当用户运行的程序（如即时消息程序或多人网络游戏）需要从 Internet 或网络接收信息时，那么防火墙会询问用户是否取消"阻止连接"。

Windows 防火墙默认处于启用状态，时刻监控计算机的通信信息。虽然防火墙可以保护用户计算机不被非授权访问，但是防火墙的功能还是有限的，表 8.4.1 列出了 Windows 防火墙能做到的防范和不能做到的防范，为了更全面地保护用户的计算机，用户除了启用防火墙外，还应该采取其他一些相应的防范措施，如安装防病毒软件、定期更新操作系统，安装系统补丁以堵住系统漏洞等。

表 8.4.1 Windows 防火墙的功能

能做到的防范	不能做到的防范
阻止计算机病毒和蠕虫到达用户的计算机	检测计算机是否感染了病毒或清除已有病毒
请求用户的允许，以阻止或取消阻止某些连接请求	阻止用户打开带有危险附件的电子邮件
创建安全日志，记录对计算机的成功连接尝试和不成功的连接尝试	阻止垃圾邮件或未经请求的电子邮件

思 考 题

1. 简述计算机网络的组成与功能。
2. 按地理范围计算机网络可以分为哪几类？简述每一类的特点。
3. 计算机网络的拓扑结构有哪几种？简述各自的特点。
4. 常用的网络互连设备有哪些？简述各自的作用。
5. 简述局域网的组建方法。
6. 什么是网络协议？什么是计算机网络体系结构？
7. 如何使用 ping 命令？
8. 计算机网络常用的传输介质有哪些？使用在什么场合？
9. 决定局域网特性的关键技术有哪些？
10. IPv4 和 IPv6 中 IP 地址分别占多少位？
11. 点分十进制形式的 IP 地址的格式是什么？
12. A 类、B 类和 C 类的 IP 地址区别是什么？
13. 顶级域名有几种类型？
14. 手动设置计算机 IP 地址时为什么要指定默认网关？DNS 服务器的作用是什么？
15. 分别说明自己的计算机在家庭和学校接入 Internet 的方式。
16. 什么是万维网？什么是 URL？
17. 分别解释 FTP、VPN 和远程桌面，它们各有什么作用？
18. 请列举自己学校图书馆引进的 3 个文献数据库。
19. 什么是网络病毒？网络病毒如何防治？

参 考 文 献

[1] 龚沛曾，杨志强，等．大学计算机基础简明教程［M］．北京：高等教育出版社，2006.

[2] 吴鹤龄．图灵和 ACM 图灵奖［M］．4 版．北京：高等教育出版社，2012.

[3] 刘瑞挺，等．计算机新导论［M］．北京：清华大学出版社，2013.

[4] 黄国兴，等．计算机导论［M］．3 版．北京：清华大学出版社，2013.

[5] 吴功宜．计算机网络应用技术教程［M］．3 版．北京：清华大学出版社，2009.

[6] 鄂大伟．多媒体技术基础与应用［M］．3 版．北京：高等教育出版社，2008.

[7] 上海市教育委员会组编．计算机应用基础教程［M］．2011 版．上海：华东师范大学出版社，2011.